RÉFLEXIONS PRATIQUES

SUR LES

MALADIES DE LA PEAU

APPELÉES *DARTRES*.

PARIS. — IMPRIMERIE LE NORMANT,
Rue de Seine, no 8, F. S. G.

RÉFLEXIONS PRATIQUES

SUR LES

MALADIES DE LA PEAU

APPELÉES *DARTRES*,

Sur leurs causes, leur siége, les moyens de guérison employés jusqu'à
ce jour, et sur une nouvelle méthode de traitement appelé

TRAITEMENT PAR ABSORPTION CUTANÉE ;

ACCOMPAGNÉES

D'UN NOMBRE CONSIDÉRABLE D'OBSERVATIONS
OÙ SON EMPLOI A ÉTÉ SUIVI D'UN SUCCÈS COMPLET ;

PAR F. S. BIDOU,

Docteur en Médecine de la Faculté de Paris,
ancien Elève des Universités d'Edimbourg, Dublin, etc.

CINQUIÈME ÉDITION,

PUBLIÉE PAR

D. DE MORAINVILLE,

Médecin , successeur du Docteur BIDOU.

PARIS.

D. DE MORAINVILLE, médecin, rue Traversière, n° 20,
quartier du Palais-Royal ;
JUST ROUVIER, libraire, rue de l'Ecole de Médecine, n° 8 ;
BOHAIRE, acquéreur du fonds de P. Mongie,
boulevard des Italiens, n° 10 ;
A LYON, même maison de commerce, rue Puits-Gaillot, n° 9.

1833.

Lorsqu'une fin prématurée vint enlever
le docteur Bidou à l'affection d'une clien-
tèle reconnoissante, de tous les points de
la France de nombreux malades, instruits
des succès de ce praticien dans le traitement des maladies de la peau, s'adressoient
à ses lumières pour en obtenir une guérison
qu'ils avoient en vain réclamée des moyens
connus jusqu'à ce jour. Dans cet état de
choses, n'étoit-ce pas un devoir, pour le
médecin qui l'avoit assisté en qualité de
collaborateur, d'empêcher que les bienfaits
de sa précieuse méthode ne fussent perdus

pour l'humanité ; c'est aussi ce que je fis : dès ce moment toutes les personnes qui vinrent consulter le docteur Bidou furent dirigées par mes soins. La confiance dont elles n'ont cessé de m'honorer, et qui est pour moi d'un prix inestimable, les guérisons importantes qui sont venues couronner mes efforts dans les cas les plus graves, m'ont déterminé à acquérir définitivement de la famille du docteur Bidou le titre de successeur de ce médecin, et de seul possesseur de sa méthode pour le traitement spécial des maladies de la peau par absorption cutanée.

La propagation effrayante des maladies appelées Dartres, les ravages que ces affections exercent sur un grand nombre d'individus, leur hérédité, l'importance qu'il y a pour les malades de s'en débarrasser, afin d'empêcher la viciation du sang, et les conséquences que celle-ci peut avoir pour leurs enfans, l'insuffisance des moyens ordinaires que les médecins leur opposent, toutes ces considérations rendent indispensable pour le public la connoissance des préceptes renfermés dans l'ouvrage à la fois simple et consciencieux du docteur Bidou. C'est de cet ouvrage, dans lequel ce praticien expose avec autant de talent que de modestie les avantages de sa méthode de traitement contre les maladies de la peau, que j'offre aujourd'hui une nouvelle édition. Elle est telle qu'il me l'a laissée. Qu'aurais-je pu en effet ajouter aux observations authenthiques et pleines de franchise que ce médecin rapporte ? Ne parlent-elles pas plus haut que les éloges les plus brillans ? Ne nous apprennent-elles pas que des personnes guéries il y a déjà quinze années des affections les plus cruelles, n'ont éprouvé depuis cette époque aucune espèce de rechute ? Pour moi, successeur du docteur Bidou, j'ai dû ne pas perdre de vue les cliens qui s'étoient soumis à son traitement, et j'ai pu chaque jour constater les guérisons importantes que le temps est venu sanctionner. Désormais donc toute crainte doit disparoître, et les malades qui ne cherchoient qu'en tremblant un soulagement à leurs souffrances, peuvent se livrer à l'espoir consolant de s'en voir délivrés pour toujours, et sans danger.

Le traitement par absorption cutanée est susceptible d'être modifié selon l'âge et la constitution du malade ; enfin, ce qui est bien important pour les correspondans de la province, il peut être employé à quelque distance que ce soit. Cependant je dois prévenir ceux d'entr'eux qui tiendroient à venir à Paris pour s'y faire traiter, que j'ai une maison de santé disposée pour les recevoir.

C'est à moi de continuer la noble tâche que le docteur Bidou s'était imposée, et dont il s'acquittait avec tant de zèle et de succès. L'exemple de ce praticien, comme ses préceptes, sont et seront toujours mes guides constans; et chaque jour verra, je l'espère, diminuer le nombre des victimes des affections dartreuses.

D. DE MORAINVILLE, Médecin.

Consultations tous les jours, de 10 heures à 2 heures, rue Traversière, n° 20, quartier du Palais-Royal. (*Affranchir.*)

PRÉFACE.

En offrant au public ce foible essai, fruit d'une longue pratique et de nombreuses observations, je crois devoir le prévenir que je n'ai point la prétention de lui présenter un traité qui jette de nouvelles lumières sur l'histoire des maladies de la peau en général, ni de m'occuper, soit d'une classification minutieuse, soit d'une description détaillée des affections auxquelles la peau est sujette. Une entreprise aussi intéressante dans son objet que difficile dans son exécution, ne peut convenir

qu'à ceux que des talens supérieurs, et surtout de grands établissemens publics met-
tent en état de reculer les bornes de nos
connoissances par l'occasion et les facilités
qu'ils y trouvent d'interroger la nature
par des observations suivies et des expé-
riences répétées. D'ailleurs cette tâche pénible et épineuse a été trop bien remplie par M. le docteur Alibert, dans son
inestimable ouvrage sur ce sujet, pour que
le travail le plus actif puisse encore espérer
de moissonner quelques épis dans un champ
qu'il semble avoir épuisé.

Si cet intéressant ouvrage n'est pas,
sous le rapport de la classification nosologique, à l'abri du reproche de confondre
souvent les espèces, ainsi que le pense le
docteur Bateman, dans son *Abrégé pratique
des maladies de la Peau*, suivant la classification nosologique du docteur Willan,

il n'en faut pas moins confesser que malgré ces légères imperfections, dépendantes
de la nature même de ces maladies dont
les espèces se confondent souvent sur le
même sujet, changent de caractère et de
siége, et par là trompent l'œil de l'observateur le plus exact, ce précieux ouvrage
nous offre l'ensemble le plus parfait qui
existe, soit pour la description de ces affections, soit pour les savantes recherches sur
leurs causes, leurs marches, leurs variations et les moyens curatifs.

Sous ce dernier rapport, à la vérité,
cette production, comme beaucoup d'autres, ne nous présente que doute et incer-
titude. Celui qui est victime de ces affreuses maladies, comme celui qui cherche
à les combattre, voit avec désespoir que
l'application de ces divers moyens n'offre
aucun résultat positif et concluant. Pour

s'en convaincre, on n'a qu'à parcourir les diverses observations où ces moyens de guérison ont été employés; pour un cas traité avec succès, combien n'en voit-on pas auprès desquels tous les efforts de la pratique la plus active ont malheureusement échoué, et même combien de malades ont eu, dans ces essais infructueux, à regretter la détérioration générale de leur santé! Cependant, tout en ne rencontrant que des succès peu nombreux, le praticien ne laisse pas de pouvoir tirer un grand avantage de ces essais répétés et méthodiques des médicamens préconisés par d'autres écrivains. En effet, tout infructueux qu'ils sont, il y trouve l'utile leçon de rejeter tout ce que le préjugé ou la crédulité avoit fait adopter, pour diriger ses recherches vers des moyens plus efficaces.

Depuis que je me suis livré à l'exercice

de la médecine, le nombre considérable de personnes affectées de ces maladies qui ont réclamé mes soins, l'intérêt particulier que m'inspiroient quelques unes d'elles, l'occasion personnelle que j'ai eue d'apprécier et les souffrances inhérentes à ces sortes d'affections, et leur résistance à tout moyen curatif connu, ont donné à mes recherches une direction toute particulière vers les moyens de les traiter. Les compilations les plus laborieuses ont été faites chez les anciens et les modernes ; leur expérience a été mise à contribution ; tous les médicamens les plus accrédités ont été employés ; rarement même, je l'avoue, un soulagement permanent a récompensé les efforts les plus suivis du médecin, et la patience persévérante du malade.

Dans cette disette désespérante de moyens pour combattre une maladie si commune, j'acquis la connoissance d'un remède employé, à la vérité, principalement pour des maladies d'un genre différent, mais dont une analogie raisonnée me fit espérer de grands avantages, en changeant sa destination primitive, et en le soumettant à toutes les modifications convenables aux circonstances. Je voyois, en effet, dans ce moyen, le double avantage d'un effet local et d'un effet général et constitutionnel; car dans ce mode de traitement que je désigne sous le nom de *traitement par absorption cutanée*, les substances médicamenteuses sont apppliquées immédiatement sur le système malade, genre de médication bien plus satisfaisante pour l'esprit médical du siècle, où l'on cherche avec avidité tout ce qui est positif. En effet, quel avantage immense ne retire-t-on pas de cette thérapeutique toujours soumise à la volonté du praticien qui l'emploie, en comparaison de ces médications basées sur des théories hypothétiques, ou sur un empirisme auquel avoient donné naissance quelques faits isolés dont l'authenticité peut être contestée, ou dont l'existence n'étoit due qu'à des circonstances qui ne devoient plus se reproduire.

Quoique ce remède, appliqué sur la partie affectée pour en corriger les sécrétions vicieuses et en ranimer les fonctions vitales, produise déjà une amélioration considérable dans l'état de la maladie, il n'en est pas moins nécessaire de seconder ses effets par d'autres applications sur une autre partie du corps, le dos, par exemple, comme point central d'absorption, ou les cuisses, dans l'intention de faire pénétrer le médicament dans toute la constitution, ranimer les fonctions des lymphatiques, et concourir, avec l'application lo-

cale, à détruire le principe de la maladie.
L'opération de ces diverses applications,
quoique active par elle-même, ne dispense
pas de recourir aux moyens secondaires
que fournissent les médicamens internes,
dont le choix et l'emploi sont subordonnés
à la saison, aux complications accidentelles
et aux différences constitutionnelles.

En offrant au public ce nouveau mode
de traitement, mon intention n'est pas de
l'annoncer comme un spécifique, un remède infaillible, dont l'usage, après une
guérison radicale, met à couvert de toute
rechute : la science n'a point encore fait
cette importante conquête ; mais ce que je
puis assurer, dans mon âme et conscience,
c'est qu'il est, à mon avis, le meilleur de
tous ceux connus jusqu'ici ; que sans être
infaillible, il réussit généralement dans les
cas qui sont susceptibles de son emploi, et

que s'il y a quelques rechutes, elles tiennent à ce que la maladie étant de naissance et comme constitutionnelle, il faut que dans l'emploi des moyens de traitement, le malade oppose une persévérance égale à l'ancienneté et à l'opiniâtreté de la maladie. Si dans des cas rares et d'une gravité toute particulière, ou chez les malades d'un âge très-avancé, le remède n'opère pas toujours une guérison complète, du moins le malade est toujours sûr de retirer un grand soulagement des symptômes les plus pénibles, tels que démangeaisons, cuissons, etc., et une amélioration générale de la santé. Ma confiance, en offrant ce mode de traitement, est d'autant plus grande, que je puis affirmer, de la manière la plus positive, que jamais son emploi n'est suivi du plus petit danger; avantage spécialement attaché aux médications extérieures. Je l'ai appliqué sur la plus tendre enfance comme sur la vieillesse la plus avancée, sans le moindre résultat fâcheux.

S'il est des cas où ce traitement ne met pas à l'abri de rechute, on n'en doit pas pour cela révoquer en doute son efficacité; car les rechutes ne sont point du tout particulières aux maladies de la peau. Quel est le praticien qui n'ait observé, avec M. Alibert, l'existence d'une loi de l'économie animale, qui l'assujétit à la reproduction de mouvemens morbides, souvent aux mêmes époques où ils se sont d'abord développés? Les esquinancies, les péripneumonies, les catarrhes, les rhumatismes n'attaquent-ils pas très-souvent, aux mêmes saisons, les personnes qui en ont éprouvé les atteintes? Si cette loi est constante dans toutes les maladies, elle l'est particulièrement dans celles qui intéressent le système dermoïde : les érysipèles, par exemple, chez certains individus, reparoissent avec la même régularité que la saison qui les a d'abord vus naître ; les fièvres elles-mêmes obéissent à cette loi générale; et parce que la saison qui a d'abord favorisé son développement, ou un séjour dans des lieux humides et marécageux auront provoqué et provoqueront peut-être des rechutes, la première attaque en aura-t-elle été moins bien guérie, et le quinquina aura-t-il moins de droits à être regardé comme un spécifique?

Il me reste à parler de cette nouvelle édition à laquelle j'ai fait des corrections importantes et des augmentations considérables. Tel est le sort des sciences d'observation; chaque année ajoute au cercle des connoissances qu'elles embrassent; combien n'est pas coupable le médecin, qui se contentant de sa propre expérience, reste

étranger aux heureuses impulsions impri-
mées à l'art de guérir! La science vient de
s'enrichir d'un nouvel ouvrage de M. Rayer,
que les praticiens consulteront avec fruit.
Ce nosologiste adoptant la classification des
médecins anglais, qu'il a modifiée dans certaines occasions, a fait disparoître la lacune
qui existoit dans cette partie de la patho-
logie, en nous donnant un traité complet
et disposé d'après un ordre aussi naturel
qu'il est possible. Mes propres observations
s'accordant avec celles de ce médecin, surtout dans plusieurs points relatifs à la classification, j'ai cru devoir modifier légère-
ment le cadre nosologique qui étoit dans les
éditions précédentes de cet ouvrage, croyant
faire une chose agréable à mes lecteurs en
publiant celle-ci avec toutes les corrections
nécessaires dans l'état actuel de la science.

RÉFLEXIONS PRATIQUES

SUR LES

MALADIES DE LA PEAU

APPELÉES DARTRES.

Causes principales des maladies de la peau appelées *Dartres*.

Avant de passer aux observations destinées
à faire connoître les moyens de guérison que
je propose, et les résultats que j'en ai obtenus,
je crois devoir faire une énumération succincte des causes qui tendent à influer sur le
développement de ces maladies; leur connoissance ne peut être que du plus grand intérêt pour le malade. En effet, il y apprendra
tout ce qu'il doit éviter pour ne pas développer chez lui cette maladie, s'il n'y est prédis-
posé, ou pour se mettre à l'abri d'une rechute, s'il en a déjà éprouvé des atteintes.

2

Ces causes peuvent dépendre du sujet lui-même, ou des circonstances accidentelles dans lesquelles il s'est trouvé et se trouve encore. Les causes dépendantes du sujet sont celles qui tiennent à une organisation particulière du système dermoïde, très-souvent à une disposition héréditaire bien marquée, et dont les exemples ne manquent pas ; aux affections morbides de quelque viscère abdominal, et surtout du tube digestif, ainsi que le démontrent les recherches d'anatomie pathologique, si fécondes en résultats, des médecins de nos jours ; à la suppression de quelque évacuation périodique, aux ravages que laissent après eux les exanthêmes suivans, tels que la petite-vérole, la rougeole, la gale ; aux métastases d'autres maladies. Souvent elles paroissent se rapporter à l'existence ancienne de maladies vénériennes qui reçoivent le nom de dégénérescences. Tout le monde s'étonne avec raison du nombre considérable de personnes affectées de cette maladie ; mais cet étonnement cessera, si l'on réfléchit que, depuis le commencement de la révolution jusqu'à l'époque de la restauration, toute la population mâle de la France a été militaire, et par conséquent exposée à toutes les causes capables de donner naissance à ces affections : fatigues excessives, disette totale, ou mauvaise qualité des alimens, irrégularités attachées à la vie militaire, les maladies contagieuses, résultat inévitable de grands rassemblemens; et combien n'est-il pas facile d'expliquer la fréquence de cette maladie chez un autre sexe si facilement impressionnable à des affections morales, tristes, causées par les événemens terribles qui se sont succédé avec tant de rapidité à cette époque!

Les causes extérieures et accidentelles peuvent se réduire à l'influence du climat; le changement subit et l'intempérie des saisons, les erreurs dans le régime ou la manière de se vêtir, les inconvéniens attachés à quelques métiers, l'insalubrité de l'air et des lieux qu'on habite, l'influence des affections morales, dont l'effet se manifeste ordinairement avec promptitude, telles que la peur, la tristesse, ou toute passion violente et concentrée, ou contrariée dans ses vues, sont une des causes fréquentes de cette maladie; enfin la contagion.

C'est ici l'endroit de dire quelque chose sur le caractère contagieux ou non contagieux des dartres; la frayeur qu'inspire cette ma-

ladie est trop générale ; la répugnance avec
laquelle on évite toute personne qui a le mal-
heur d'en être attaquée, est un sentiment trop
pénible pour que je ne saisisse pas avec empressement cette occasion pour calmer au
moins les craintes du public, si je ne puis pas
les détruire entièrement. Une pratique très-
étendue m'autorise à déclarer que le nombre
d'exemples du caractère non contagieux de
ces affections l'emporte tellement sur celui des
cas où l'on peut regarder la maladie comme
ayant été communiquée, qu'il y a infiniment
plus de raisons pour être tranquille que pour
s'alarmer. Je ne puis cependant pas m'empêcher d'avouer que les épouses de deux malades traités par moi ont elles-mêmes éprouvé
une maladie herpétique dont elles m'ont soutenu n'avoir jamais eu aucune atteinte auparavant, et ne la devoir qu'à leur cohabitation
avec leurs maris. Malgré ces exemples, je n'en
suis pas moins porté à croire que cette maladie exige, pour être communiquée, des circonstances si particulières, que l'on doit, en
général, en redouter peu les atteintes par la
contagion.

De la classification nosologique des maladies de la peau appelées *Dartres*.

En ne me conformant pas entièrement au système nosologique des deux auteurs modernes qui ont le plus contribué à débrouiller le chaos dans lequel était plongé le genre des maladies qui nous occupent, je suis bien loin de vouloir en faire la critique, et de prétendre y substituer quelque chose de meilleur. Si je me suis permis quelque changement à l'ordre que l'un et l'autre ont adopté, c'est parce que cette simplification m'a paru convenir davantage à la nature d'un essai, et plus à la portée des lecteurs auxquels ce petit ouvrage est destiné.

En effet, l'un de ces auteurs, M. le docteur Alibert, a établi sept espèces de dartres dont les dénominations sont tirées des traits de ressemblance qu'elles ont avec d'autres affections morbides, ou aux symptômes qui ont coutume de les accompagner. Mais cet auteur fait deux classes de la même maladie, parce que le siége se trouve être différent. Ainsi, suivant lui, quand la maladie herpétique occupe une partie du corps quelconque, elle prend le nom de dartre, et est classée d'après les caractères qu'elle présente; si la tête au contraire est le siége de l'éruption, celle-ci reçoit alors le nom de teigne, dont il a établi cinq espèces classées aussi d'après les caractères qui les distinguent.

Le docteur Bateman, se conformant au système du savant docteur Willan, n'ayant aucun égard au siége de la maladie, établit sept ordres; et sa classification est également basée sur les caractères extérieurs que chaque espèce présente; mais, dans ces sept ordres, j'ai été obligé d'extraire les espèces dont j'ai dessein de m'occuper, et qui sont mêlées par leurs points de ressemblance à celles dont le traitement n'est plus le même. En effet, il a introduit dans cette classification les maladies éruptives aiguës, dont le derme est à la vérité le siége, mais qui ne doivent point entrer dans le cadre de celles qui sont l'objet de mes recherches. Quelques points de ressemblance qu'offrent quelquefois les dartres avec les exanthêmes aigus, tels que la petite-vérole ou la vaccine, ne suffisent pas, à mon avis, pour les faire entrer dans cet arrangement. Le mode de traitement qui se trouve aussi entièrement différent dans les deux espèces d'affection, est encore une raison qui doit empêcher cette confusion. Si, par l'effet du traitement, on fait sortir les affections dartreuses de l'état de chronicité qui constitue leur marche, cette circonstance seule indique à quel genre de maladies ce traitement est applicable, c'est le mot *dartre* que je suis obligé d'employer, parce qu'on a habitude de désigner par ce nom toute espèce de maladie de la peau qui ne présente pas les caractères connus des exanthêmes, des clous, de la gale, etc. Autrement, ce seroit vouloir faire l'histoire générale des maladies de la peau, tant aiguës que chroniques; car, par maladies de la peau, on entend plus ordinairement celles de l'espèce chronique.

Si la multiplicité des formes sous lesquelles les maladies de la peau se présentent paroît d'abord imposer la nécessité d'une classification; d'un autre côté l'uniformité du traitement, dans cette grande variété d'affections, semble rendre moins importante une division trop minutieuse. Aussi, dans la classification que je vais adopter, je ne m'arrêterai qu'aux traits tranchans et caractéristiques de chaque affection, laissant à d'autres la description des anneaux intermédiaires qui les unissent, ou des différences qui les séparent. Pour me conformer à ce plan, j'établis six espèces de dartres :

Première espèce, la dartre furfuracée ou farineuse.

Deuxième espèce, la dartre squammeuse ou écailleuse.

Troisième espèce, la dartre crustacée ou croûteuse.

Quatrième espèce, la dartre vésiculaire.

Cinquième espèce, la dartre pustuleuse.

Sixième espèce, la dartre tuberculeuse.

ESPÈCE PREMIÈRE.

Dartre furfuracée ou farineuse (*Pytyriasis*. Willan):

Cette inflammation squammeuse a son siége à la superficie de la peau; elle peut se montrer sur presque toutes les régions du corps. Mais c'est plus particulièrement sur le cuir chevelu, dans les favoris, aux aisselles, où je l'ai rencontrée plusieurs fois. Ceux qui sont atteints de cette maladie éprouvent une démangeaison plutôt persévérante que vive, ou brûlante, comme dans d'autres affections cutanées; mais c'est surtout après une marche un peu rapide ou un exercice plus ou moins

violent que le surcroît d'activité qui en ré-
sulte dans la circulation capillaire, rend cette
démangeaison presque insupportable par les
picotemens et les fourmillemens que l'on
éprouve pendant l'établissement de la transpiration. Alors les malades portent invo-
lontairement la main vers l'endroit malade, et en font tomber une foule de petites
lames d'épiderme blanchâtre qui laissent à
nu la peau, sur laquelle on voit des taches
rouges et luisantes, un peu rudes au toucher.
Après cette petite opération, il y a un soulagement marqué, et on ne ressent les démangeaisons devenir plus vives qu'à mesure que
la peau se recouvre d'écailles. Cette maladie
se déplace facilement, ce qui lui a fait donner
par un auteur le nom de volante. Elle n'est
incommode que par les démangeaisons qu'elle
occasionne et qui souvent privent les malades
de sommeil, et par la quantité d'écailles qui
se forment quand elle existe dans les sourcils
ou dans les favoris. La dartre furfuracée est
une maladie peu grave, et lorsqu'elle n'a pas
disparu d'elle-même, ou que son existence
date de quelque temps, il suffit d'un peu
d'exactitude à observer les moyens prescrits
pour s'en débarrasser facilement.

Je réunis ici au pytyriasis, une maladie qui en est bien éloignée, mais qui dans le traitement ne m'a présenté que très-peu de différence; cette affection désignée sous le nom de chloasma, est caractérisée par des taches assez larges, irrégulières, jaunes, brunâtres, ayant la plus grande ressemblance, pour la couleur, avec les feuilles mortes d'automne. Elle se rencontre le plus souvent sur la poitrine et les jambes. Désignée très-improprement sous le nom d'éphélides hépatiques, elle paroît, d'après M. Rayer, n'avoir aucune relation avec les affections du foie; elle est accompagnée de démangeaisons qui s'augmentent par l'exercice, et qui sont le siége d'une desquammation furfuracée, souvent assez abondante. Une excitation locale, mesurée sur l'ancienneté de la maladie, l'ayant fait céder avec autant de facilité que les dartres farineuses que je viens de décrire, j'ai cru pouvoir les réunir à cette espèce, surtout dans un traité où toute importance de classification doit céder devant le but pratique auquel il tend seul.

ESPÈCE DEUXIÈME.

Dartre squammeuse ou écailleuse sèche (*Psoriasis* , *lèpre.*
Willan).

Dans cette seconde espèce, on ne trouve
plus des taches minces rouges, et des lames
d'épiderme, mais bien de véritables plaques
rouges dépassant le niveau de la peau , et des
lames d'un épiderme altéré se détachant du
corps réticulaire, dont l'inflammation est bien
plus profonde que dans la maladie précédente. Les plaques squammeuses se déve-
loppent, s'élargissent, deviennent irrégulières, confluentes, et envahissent de proche
en proche une grande étendue de la surface tégumentaire. C'est à cette variété que
M. Alibert a donné le nom de dartre liché-
noïde, à raison de cette marche serpigineuse,
et de l'aspect que présente la maladie à ce
degré d'intensité. D'autres fois, elle est parsemée sur divers points de la peau en plaques
isolées et de deux à trois lignes de diamètre. A mesure que les plaques s'agran-
dissent, leur centre devient plus pâle, légè-
rement déprimé vers son centre. Alors les
plaques squammeuses forment une sorte d'an-

neau autour de ce point de la peau revenu à son état naturel. Il faut seulement faire attention à la teinte de ces plaques écailleuses, afin de distinguer un autre genre de maladie squammeuse à laquelle des auteurs ont donné le nom de lèpre, dont la couleur est moins foncée, mais dont la détermination ne peut être faite que par un œil exercé. Cette maladie se montre principalement sous sa forme arrondie, au voisinage des articulations; mais après cela, elle se montre indistinctement sur toutes les parties du corps, la tête, la poitrine, le ventre, le dos, puis la continuité des membres, sur les jambes et les avant-bras: ce sont pour la plupart de larges plaques qui recouvrent presque la totalité de ces membres. Lorsque le mal s'exaspère, la peau s'enflamme, les plaques réunies sont rouges et divisées par des gerçures sèches et douloureuses, accident qui a presque toujours lieu dans la variété dite gale des épiciers, maladie qui d'ailleurs existe chez beaucoup d'autres individus. Ici les démangeaisons sont vives et cuisantes, surtout par l'influence de la chaleur du lit ou d'un foyer.

Le psoriasis ou dartre squammeuse sèche, est, selon quelques auteurs, l'affection de la

peau dont l'hérédité est la mieux démontrée.
L'invasion et l'exaspération de cette maladie
ont lieu vers le printemps et surtout l'automne ; elle peut devenir très-grave par son
étendue et la profondeur de l'inflammation ;
elle exige de la persévérance dans l'emploi
des moyens de traitement ; et bien que souvent le soulagement soit prompt, on est
obligé de continuer avec patience, afin de ne
pas voir l'affection repulluler avec force. Diverses circonstances peuvent retarder ou hâter
la guérison. On en verra des exemples dans
les observations relatives à cette espèce.

ESPÈCE TROISIÈME.

Dartre crustacée (*Impetigo* , Willan).

La dartre crustacée présente plus d'obs-
curité dans son diagnostic, en ce que plusieurs maladies de peau présentent des croûtes
à certaines périodes, et débutent d'une manière tout opposée. Ainsi l'eczema, la mentagre, l'ecthyma, se terminent souvent par
des croûtes, et les malades, n'ayant aucun
égard à la forme primitive de la maladie, se
croient affectés d'une dartre croûteuse ; mais

la méthode de traitement varie suivant qu'on a affaire à l'une ou l'autre des maladies que je viens de citer. On sent la nécessité de bien établir les caractères de cette maladie.

Voici la manière dont se forme la dartre croûteuse (*impetigo figurata*, Bateman). On remarque, sur les points qui doivent être affectés, de petites rougeurs qui sont accompagnées de démangeaisons ; bientôt il se développe sur ce fond des petites pustules de la grosseur d'un grain de millet aplati, forme très-confluente, entourée d'un cercle enflammé. Ces pustules sont remplies d'une humeur jaunâtre, épaisse, qui sort quand elles sont rompues, ce qui arrive promptement, se concrète, et forme des croûtes jaunâtres plus ou moins épaisses. Sa couleur lui a mérité le nom de dartre crustacée flavescente, puis elle a reçu deux noms d'après le siége qu'elle occupoit : aux ailes du nez, celui de stalactiforme ; sur les membres, celui de musciforme. Ces variétés sont peu importantes pour la pratique, en ce qu'elle ne change rien aux moyens à employer sur ces différences ; une fois le caractère primitif établi, le reste appartient plutôt à un ouvrage brillant, qu'à celui qui ne tend qu'à l'utilité. Cette maladie est opiniâtre, elle l'est surtout dans certains sujets, lorsqu'on n'a pas bien reconnu l'état de la maladie; son ancienneté est pour beaucoup, non pas parce que le sang est corrompu et pénétré de cette humeur, comme le croient quelques personnes, mais parce qu'on a une peine infinie à détruire cette disposition pustuleuse, à laquelle la peau est habituée.

Souvent même, quand on entreprend la maladie à une certaine période, on échoue complètement, et on s'obstineroit en vain à vouloir la détruire; il faut s'arrêter, laisser reposer le malade, et en attaquant la maladie dans un autre moment, on est tout étonné de la guérir avec une facilité extraordinaire : tel est le cas d'une femme attaquée depuis deux ans d'un impetigo sur toute la face, toutes les méthodes toniques, dépuratives, et de cautérisations, avoient été essayées en vain, cinq semaines de traitement ont vu céder la maladie comme par enchantement. Le régime antiphlogistique, d'un grand secours pendant le traitement, est encore plus nécessaire après la guérison pour prévenir les rechutes, jusqu'à ce que la peau ait entièrement perdu sa disposition morbide.

ESPÈCE QUATRIÈME.

Dartre vésiculaire (*Eczema Herpes*, Willan).

Cette maladie est très-facile à distinguer des autres, en ce qu'elle se montre par des vésicules plus ou moins abondantes, tantôt isolées, d'autres fois groupées. Les vésicules sont de petites élevures de la peau, remplies d'un liquide séreux, déposé en gouttelettes à la surface du corps réticulaire sous l'épiderme; il est impossible de les confondre avec les tubercules, les pustules; elles se rapprochent plus de certaines pustules; elles sont ordinairement sur un fond moins enflammé que les pustules. Lorsque les vésicules se rompent, le liquide s'écoule et se forme en croûtes minces ou en écailles citrines, souvent imbibées de l'humeur qui sort des vésicules, c'est à cette terminaison des vésicules de l'eczema que l'on a donné le nom de dartre squammeuse humide, que je n'ai pu ranger dans les affections squammeuses, puisqu'elle n'est qu'une terminaison et non un état primitif. Lorsque les boutons du lichen sont ulcérés et groupés et de plus qu'ils sont écorchés par les malades, il

se fait une exsudation séropurulente qui affecte cette forme squammeuse humide. Voilà
donc un même aspect, suite de deux maladies
bien différentes. Les vésicules se rencontrent
sur plusieurs parties du corps, la face, les
siéges, les oreilles, très-souvent les bras, les
mains et le coude-pied; les seins chez les
femmes, le périnée, le pourtour de l'anus
où elles causent des démangeaisons insupportables. Les grandes lèvres, le vagin, sont
aussi attaqués de cette éruption peu grave,
mais s'étendant facilement, et d'une guérison
difficile; une de ces maladies vésiculeuses
affecte si particulièrement de se fixer sur le
prépuce, qu'elle a reçu par les nosologistes
anglais le nom de *herpes præputialis*.

Cette maladie demande à être d'abord ob-
servée avec soin; son caractère une fois bien
établi, il faut examiner si aucune influence
de la part de la constitution du sujet, ou quelques complications, ne viendront pas entra-
ver la marche du traitement ou le rendre tout-
à-fait infructueux, et des topiques ne devront
être employés que dans certaines circonstances qui rendront leur usage favorable, tandis
qu'autrement ils augmenteroient l'éruption.

Le régime est d'une importance extrême

dans cette maladie où un excès, quelque léger
qu'il soit, est marqué par une exaspération
de la maladie. L'usage immodéré des toniques, qui sont souvent des médicamens incendiaires, des purgatifs drastiques, que les malades prennent ordinairement avec une confiance qui leur est préjudiciable, parce que
bientôt ils les emploient sans prescription ;
en un mot, tout ce qui irrite le canal intesti-
nal, peut aggraver et même faire développer
ces maladies vésiculeuses.

ESPÈCE CINQUIÈME.

Dartre pustuleuse (*Acné* , *mentagre*).

Les pustules diffèrent essentiellement des
vésicules, non pas dans leur siége plus pro-
fond, puisque c'est toujours à la surface du
corps réticulaire qu'elles existent, mais en
ce qu'au lieu d'un liquide séreux, d'une eau
roussâtre, comme le disent les malades, c'est
une liqueur opaque, du pus en un mot, qui
les remplit primitivement; je dis primitivement, parce que dans certaines maladies vé-
siculaires, le liquide se troublant au bout de
quelques jours, comme dans le zôna, la dar-

tre phlycténoïde confluente, on pourroit prendre pour des pustules ce qui n'en seroit pas.
Les pustules comprennent la dartre pustuleuse, mentagre, couperose, disséminée, affections chroniques, auxquelles se trouvent
jointes les diverses espèces de teignes, dési-
gnées sous le nom de teignes faveuse, granulée
et muqueuse. Je vais donner une description
succincte de chacune de ces maladies. La couperose naît sur le front, les pommettes, le
nez, par de petites pustules rouges, isolées,
à base enflammée, ne suivant pas les mêmes
périodes dans leur développement, au bout
de quelque temps leur sommet blanchit, s'ulcère, et il se forme de petites croûtes minces
et sèches, la figure des personnes attaquées
de cette maladie est parsemée de petits points
noirs appelés tanes (*acné punctata*, Willan),
dont par la pression on peut faire sortir un
petit corps filiforme qui passe pour un ver
dans l'esprit du vulgaire. Les malades ont la
figure habituellement rouge et couperosée;
comme on le dit, elle est très-commune chez
les femmes; et chez les hommes, particulièrement chez ceux qui sont sanguins ou font
usage des spiritueux. Elle guérit vite, mais
j'ai remarqué qu'on avoit besoin de suivre les

malades long-temps afin d'empêcher, par la
sévérité du régime, les rechutes auxquelles la
menstruation dérangée dispose particulièrement les femmes.

La mentagre dont les pustules sont situées
habituellement sur le menton, les côtés de la
mâchoire, enfin les endroits où existe la
barbe, guérit aussi facilement et ne présente
que des rechutes rares. Les pustules en nais-
sant sont accompagnées d'un sentiment de
tension, de chaleur légère, de fourmillement;
elles sont pointues, ne dépassent guères le
volume d'un grain de millet; blanchissent à
leur sommet, se crèvent, et laissent échapper
une humeur séropurulente qui laisse des
croûtes légères à la surface de la peau, cette
influence peut s'aggraver beaucoup; elle ne
laisse point de cicatrices.

Les pustules de l'ecthyma laissent souvent
des cicatrices après leur disparition; les pustules se terminent souvent par des tubercules;
la maladie change alors d'ordre.

Parmi les teignes, la faveuse est recon-
noissable par la forme en godet des croûtes,
qui, cette fois, sont le caractère distinctif;
la granulée, qui est remarquable par la ru-
gosité de la peau, l'agglutination des cheveux,

par l'humeur sécrétée par les pustules ;. l'odeur nauséabonde ; enfin la teigne muqueuse (*porrigo larvalis*), *croûte laiteuse*, quoique par cette dénomination de teigne, adoptée par M. Alibert, on entende des maladies qui affectent spécialement le cuir chevelu : cependant, comme ces maladies se rencontrent aussi sur les autres parties du corps, on conçoit qu'il est plus philosophique de les ranger dans l'ordre auquel elles appartiennent par leur caractère morbide que par leur siége. La teigne muqueuse est celle qui demande le plus de persévérance dans le traitement.

ESPÈCE SIXIÈME.

Dartre tuberculeuse (*Rongeante*, Alibert; *Lupus*, Willan).

Cette espèce, d'une marche chronique, est la plus formidable de toutes, non pas tant par son étendue, que par la profondeur des ulcérations et les ravages qu'elle produit dans la peau. Mais avant de passer à la description de cette maladie, je crois essentiel de parler de quelques affections dites boutonneuses, qu'on doit nommer avec plus de raison papuleuses, puisque le mot bouton a été aussi bien appliqué aux papules qu'aux pustules et aux tubercules. Ces affections se manifestent par une éruption de petites élevures rouges, plus ou moins enflammées, grosses comme une tête d'épingle, solides, ne contenant aucun liquide, et laissant échapper une petite gouttellette de sang, lorsqu'on les arrache. Cette maladie peut présenter quelque gravité, quand les papules sont nombreuses, confluentes, et que les malades irrités par un prurit insupportable se soulagent cruellement en écorchant le sommet des papules. Lorsqu'elle est passée à un état chronique, elle cède avec une incroyable facilité aux moyens que j'ai dirigés contre elle. La seconde maladie papuleuse est caractérisée par des élevures solides, mais qui ont à peu près la même couleur que la peau; elles sont accompagnées de grandes démangeaisons. Elle attaque principalement la tête, les épaules, le dos; elle est fréquente chez les vieillards (*prurigo senilis*). Deux variétés se distinguent par l'intensité différente dans le prurit, et ont reçu le nom de (*mitis* et *formicans*). Chez les femmes, lorsqu'elle a son siége au mont de vénus et aux grandes lèvres, elle porte le nom de *pudendi*. Les indications du traitement sont analogues à celles de l'affection précédente.

La dartre rongeante est caractérisée par le développement d'un ou plusieurs tubercules, ou élevures solides, circonscrites, indurées, plus volumineuses que les papules, et qui se terminent, au bout d'un temps plus ou moins long, par suppuration et ulcération; ils succèdent souvent aux pustules, mais naissent aussi souvent de prime abord.

Cette maladie occupe presque exclusivement les ailes du nez, d'où elle s'étend souvent, lorsqu'elle est ulcérée, d'une manière effrayante; la peau éprouve des changemens dans sa couleur, elle devient violette et se couvre de croûtes, surtout lorsque l'ulcère est exposé à l'air libre. Le pus qui en découle est séreux et paroît ronger les tissus environnans; lorsque la maladie fait des progrès, elle attaque les tissus transparens, et détruit, comme on en voit trop d'exemples, dans ces érosions des ailes du nez, de la cloison, du lobe même, et auxquelles succèdent des cicatrices rougeâtres et difformes. Les douleurs sont peu vives, excepté lorsqu'elles appartiennent au cancer, ce qu'il est alors essentiel de distinguer.

Je n'ai jamais eu à traiter de dartre rongeante à son début, mais toujours ulcérée et souvent avec une destruction plus ou moins considérable des tégumens, cela vient de ce que ces tubercules sont souvent pris, par les malades, pour des boutons qui restent stationnaires, comme c'est souvent leur marche, et qu'ils ne s'offrent à moi qu'après avoir essayé des soins de leurs médecins, ou avoir mis en usage une foule d'onguens et de préparations irritantes qui font prendre à la maladie un développement effrayant. C'est cependant dans cet état, et souvent avec une rapidité dont on aura la preuve dans une des observations relatives au lupus (dartre rongeante), que j'ai obtenu des résultats qui sont d'autant plus satisfaisants pour le médecin, qu'on regarde souvent ces cas comme désespérés. Au reste, ce moyen m'a toujours réussi merveilleusement dans les affections pustuleuses et tuberculeuses, en le secondant par les antiphlogistiques, ou les toniques, si les individus sont scrophuleux, ce qui arrive dans la plupart des cas de dartres rongeantes.

Si l'énumération des affections herpétiques qui précèdent nous a fourni une occasion trop légitime de gémir sur le triste sort de l'humanité, surtout quand on vient à considérer

l'insuffisance des moyens curatifs, de quelle
horreur, de quel désespoir n'a-t-on pas lieu
d'être saisi au tableau déchirant que nous présente cette dernière classe? Dans les affections précédentes, le système dermoïde a été
tourmenté, sa couleur altérée; mais dans celle
dont je viens de m'occuper, son tissu tantôt labouré d'ulcères profonds, tantôt dévoré par
une sécrétion corrosive, tantôt enfin tuméfié
horriblement, fera perdre à l'espèce humaine
l'empreinte de sa dignité, pour la confondre
avec des animaux dont cette affreuse maladie
lui fait prendre les traits.

J'ai tâché, dans la classification qui précède, d'être aussi concis et aussi clair que
possible; quoiqu'elle soit loin de contenir
toutes les variétés qu'offre la pratique, elle
présente la description des principales espèces,
et par là le malade sera à portée de se mettre
en rapport avec moi par correspondance,
choses bien essentielles pour ceux que l'éloi-
gnement et les circonstances privent de la
possibilité de venir consulter à Paris. Les
observations dont cet ouvrage est accompagné,
fournissent encore une occasion de reconnoître et de classer d'une manière plus précise
l'espèce de maladie dont on peut être attaqué.

Ce double rapprochement des symptômes
que l'on peut éprouver, ne doit plus laisser
aucune difficulté au consultant pour faire
connoître son état, et obtenir les secours convenables au cas dans lequel il se trouve, et
dont l'ouvrage lui aura sans doute fourni
quelque objet de comparaison.

Doit-on guérir les dartres ?

Avant de passer aux diverses matières dont
je me propose de m'occuper dans le cours de
cet ouvrage, je crois devoir résoudre une
question de la plus haute importance, puisque sa solution tend à détruire un préjugé
consacré par le temps, et à calmer les craintes
assez bien fondées, au premier abord, que
l'on a de troubler par cette guérison la marche
de la nature qui, par une espèce d'effort critique, chercheroit à débarrasser la constitution d'un principe funeste à l'économie animale. En effet, les résultats de prétendues
guérisons, qui ne sont que de véritables métastases ou répercussions, sinon toujours
mortelles, au moins constamment suivies d'un
grand dérangement dans la santé, seroient
bien propres à faire regarder toute éruption

comme un émonctoire naturel qu'il faut respecter. Dans cette hypothèse, une médecine perturbatrice qui voudroit comprimer cet effort et détruire ce moyen de salut, mériteroit les plus justes reproches, et je n'hésiterois pas à me déclarer contre toute espèce de traitement qui tendroit à contrarier la nature, au lieu de seconder ses efforts conservateurs ; mais combien le nombre et l'importance de ces observations n'ont-ils pas dû être exagérés ? En effet, lorsque les faits qui donnèrent lieu à ces opinions vinrent à se présenter, avec quel empressement ne durent-ils pas être recueillis par les médecins anciens, avec les théories desquels il étoit si facile de les concilier ? Les différentes sectes que vit s'élever l'enfance de la médecine ne manquèrent pas de les faire servir à l'appui de leurs doctrines. Tantôt c'étoit une substance fermentescible, menaçant de faire une explosion terrible et d'exercer d'affreux ravages ; mais trouvant au dehors une issue facile qu'il étoit surtout important de lui conserver ; tantôt c'étoit un *être*, un *quelque chose* d'abstrait, génie perturbateur, se bornant paisiblement à faire endurer les tourmens les plus insupportables au malheureux chez lequel il a ainsi acquis le droit de domicile. C'est ainsi que des esprits ardens, négligeant la saine voie de l'observation et enclins à ne tout regarder qu'à travers le prisme d'une brillante imagination, ont exagéré, mal interprété et faussé des faits précieux destinés à diriger le praticien vraiment observateur; mais qu'ils firent servir à la construction de futiles théories; trop heureuse encore l'humanité, lorsqu'elle n'eut pas à gémir des écarts de leur fougueuse imagination.

Bien souvent aussi les accidens reprochés aux prétendues guérisons des dartres peuvent être, avec raison, considérés comme les résultats d'une médecine incendiaire qui, déplaçant la maladie d'un organe où elle entraînoit peu de dangers pour la vie des malades, la reproduisoit sur un autre plus essentiel à l'économie, et qui devenoit le siége de conditions morbides, compromettant gravement les jours du malade qu'une médication plus rationnelle auroit pu délivrer de leurs maux, sans les exposer à ces dangers. Dans quelles circonstances encore les malades se soumettent-ils souvent à ces sortes de traitemens? En proie à des affections chroniques des viscères, soit cœphaliques, thorachiques ou abdominaux, palliées souvent par la dérivation causée par la maladie extérieure, ils ont recours à des méthodes répercussives, sous l'influence desquelles on voit se développer d'une manière effrayante des maladies qui n'avoient pas même été soupçonnées par les personnes inattentives ou ignorantes que les malades avoient consultées, et d'après les conseils desquelles ils s'étoient soumis à ces médications incendiaires, et on n'a pas manqué d'en conclure que dans tous les cas on devoit garder avec un scrupuleux respect ces maladies douloureuses qui, étendant leurs ravages sur les surfaces les plus délicates de la peau, transforment la vie entière des malheureux qui en sont affectés en un supplice perpétuel. Mais doit-on s'abandonner à de pareilles craintes, lorsque le médecin, interrogeant chacun des viscères les plus importans, prompt à combattre les plus légers symptômes capables de faire soupçonner quelque travail morbide de leur côté, et donnant des soins non moins attentifs et à l'affection extérieure et à celles qui menaceroient de se déclarer sur quelque organe essentiel à l'économie, s'attache spécialement à détruire le principe caché, dont la maladie dartreuse est le symptôme le plus saillant, et qui devient le point principal où il doit diriger ses efforts. Par conséquent, je pose pour principe fondamental, que tout remède pour être bon, tout traitement pour mériter d'être employé, doit invariablement opérer de manière à diriger vers l'extérieur cette maladie dont la disparition se fait souvent si rapidement, sans qu'on puisse s'y opposer, et à la combattre par tous les moyens thérapeutiques et hygiéniques les mieux combinés, au lieu d'en pallier momentanément les accidens pour les voir reparoître bientôt avec plus d'intensité que jamais, ou porter à la santé générale une atteinte dont rien ne peut réparer les suites.

Je déclare donc ici que ce traitement, loin de faire rentrer les éruptions cutanées, les détermine au contraire, toujours au dehors, et par une excitation locale convenablement dirigée, en opère la résolution au bout d'un temps plus ou moins long, après avoir donné lieu à plusieurs phénomènes, tels que l'exfoliation, la desquammation, écoulement de sérosité ou de pus, suivant le caractère squammeux, vésiculaire ou pustuleux de l'affection, et les dispositions individuelles ; et c'est cet effet constant et régulier, c'est cette qualité essentielle et qui ne permet pas le moindre doute, qui me l'a fait adopter et qui me détermine à le proposer.

En voulant pleinement rassurer les craintes que des personnes timides peuvent avoir sur les dangers d'une guérison dans les maladies de la peau, craintes qui ne sont motivées que par une pratique que je réprouve, que ne puis-je frapper d'une juste terreur celles qui, victimes de la mode et de la coquetterie, ont constamment recours à l'usage de cosmétiques meurtriers, et qui par là portent les atteintes les plus funestes à leur santé, compromettent même souvent leur existence! car je ne doute pas que la rétropulsion de boutons sur la figure, par toutes les lotions astringentes, ne soit une des causes qui hâtent le plus les progrès des phthisies pulmonaires qui envoient, par une mort prématurée, tant de femmes au tombeau!

Après avoir établi, je crois, d'une manière concluante, la nécessité de procéder à la guérison des maladies de la peau, par une méthode qui ne puisse en aucune manière compromettre la constitution générale, il me semble superflu d'insister davantage sur l'importance de recourir promptement aux moyens convenables pour l'opérer. D'abord un délai trop long-temps prolongé ne fait qu'ajouter à la diffi-culté de la guérison. Dans les cas graves, l'ex-foliation générale de la peau, les insomnies que causent les démangeaisons, l'agacement perpétuel du système nerveux, finissent par miner la plus forte constitution, et conduire à une terminaison fatale. Quand même les conséquences ne seroient pas aussi funestes, il sembleroit que les ravages que font sur la peau ces affreuses maladies, la difformité qui les accompagne ou leur succède, surtout quand la figure en est le siége, ces déman-geaisons inouïes qui font un supplice des mo-mens les plus doux, et destinés par la nature à la réparation des forces : tout devroit, ce me semble, contribuer à décider un malade à se délivrer d'un pareil fléau, surtout quand on lui garantit l'absence de tout danger. Ce parti est d'autant plus indispensable qu'on ne peut assigner les limites dans lesquelles se ren-fermera une éruption qui, si on n'en arrête les progrès, envahit bientôt toutes les parties du corps, et devient rebelle aux remèdes en proportion de son degré d'intensité et de sa durée.

Sur le siége des maladies de la peau appelées *Dartres*.

Avant de m'engager plus avant dans mon sujet, il m'a paru indispensable de discuter une question sur laquelle il y a eu long-temps diverses opinions, et sur laquelle il me paroît de la plus grande importance d'avoir des idées fixes et positives. En effet, ce n'est point là une de ces recherches oiseuses dont le résultat ne doit que satisfaire une vaine curiosité. Comme l'opinion de chaque praticien doit nécessairement influer sur le mode de traitement qu'il emploie, il est dans les intérêts du malade et du médecin que cette opinion soit fondée sur une base solide et non hypothétique. Les partisans de la médecine humorale ont toujours vu jusqu'ici, et voient peut-être encore la cause de toutes les maladies dans la dégénérescence des fluides. Ils ne manquent pas par conséquent de rapporter à ce principe général la cause des maladies de la peau. Dans cette hypothèse, des torrens de tisanes, décorées du nom pompeux de substances altérantes dépuratives du sang, ont été versés dans l'estomac pour opérer le grand œuvre d'une régénération universelle.

Il est superflu de mentionner que le résultat d'une semblable pratique est le plus communément de laisser la maladie au même point, mais non sans avoir détérioré les forces digestives de l'estomac, et porté une atteinte funeste à toute la constitution. Les progrès qu'ont faits les connoissances physiologiques, ont déterminé les personnes éclairées à rejeter depuis long-temps ces notions surannées qui, faisant prendre l'effet pour la cause, avoient introduit une thérapeutique aussi compliquée qu'inefficace. Une connoissance plus profonde de l'économie animale a fait rapporter ces maladies, comme bien d'autres, au dérangement organique du système qui en est le siége. En avançant que chaque système est sujet à des affections propres à son mode d'organisation, et au genre de fonctions qu'il est destiné à remplir, je suis bien loin de prétendre révoquer en doute les rapports de sympathie qui existent entre tous ces systèmes, et isoler des fonctions entre lesquelles il existe une dépendance réciproque et incontestable. L'expérience journalière démontre d'une manière trop frappante l'existence de cette dépendance dans toutes les affections morbides auxquelles est sujette l'économie animale. En effet, qui n'a pas observé que si les fonctions de l'estomac sont dérangées, aussitôt le système dermoïde en ressent les effets, et que réciproquement, si le système dermoïde reçoit quelque atteinte nuisible à son économie, la constitution générale ressent bientôt l'effet du dérangement local?

Ainsi la dépendance mutuelle où sont tous les systèmes divers de l'économie est bien prouvée; mais en outre ils sont sujets, comme je l'ai déjà dit, à des maladies particulières à leur mode d'organisation et au genre de leurs fonctions. Ainsi, l'appareil respiratoire, l'organe sécréteur de la bile, les glandes, ont leurs maladies particulières, de même le système dermoïde est le siége des maladies qui nous occupent. Centre de communication entre les capillaires artériels et les absorbans, c'est dans son tissu que s'exécute l'importante fonction de la transpiration. Doué d'une sensibilité exquise par le développement des houpes nerveuses qui établissent ses relations avec les objets extérieurs, également sujet à ressentir les effets des émotions morales, à quelle foule de dérangemens ne doit pas être exposé un organe aussi compliqué? D'après cette complication, je ne balance pas à dire que, de toutes les maladies qui attaquent l'économie animale, les trois quarts et demi sont dus à un dérangement dans ses fonctions. On ne doit plus, d'après cela, s'étonner si les maladies de la peau sont si multipliées, et si leurs nombreuses complications doivent en rendre la guérison difficile.

Quant aux métastases, nous en avons déjà expliqué la cause, d'après les théories qui règnent aujourd'hui; mais comme la grande question qui partage les esprits n'a pas encore été décidée, il est encore possible pour certaines personnes de croire au transport des fluides morbides sur les organes sains ou déjà malades; mais l'observation si intéressante de ce jeu des sympathies nous rendant bien compte de ce phénomène, nous nous contenterons d'admettre que les conditions dans lesquelles se trouve un malade étant bien établies, on peut, sans le moindre danger, opérer la guérison de ces maladies, et que les accidens qui sont survenus chez certains malades tiennent à des circonstances particulières dans lesquelles ils se trouvoient, ou à ce qu'en effet on avoit supprimé brusquement ces phlegmasies, sans avoir égard aux complications. Il est encore une erreur qu'il est essentiel de détruire, c'est la persuasion où sont bien des malades, que les maladies de la peau ou dartres sont incurables. Mais cette incurabilité tient le plus souvent aux moyens défectueux qu'on a employés, à l'inexactitude qu'on y a apportée, ou aux écarts de régime qu'on a commis, et qui tendent à rappeler les irritations de la peau. Pour pouvoir guérir de ces maladies, il faut observer les moyens de traitement avec rigueur, et dès lors les maladies ne sont plus incurables. Tel est l'inconvénient attaché au traitement des maladies chroniques : le malade n'est plus sous l'empire de cette crainte qui le commet, dans les maladies aiguës, à la discrétion du médecin dont les avis ne sont plus aussi régulièrement suivis, et c'est cependant encore plus dans les maladies chroniques qu'on ne peut obtenir de guérison que par une stricte observation des moyens prescrits.

Considérations sur les méthodes de traitement employées jusqu'à ce jour pour la guérison des dartres.

Les remèdes auxquels la pratique généralement adoptée a le plus ordinairement recours, se divisent en remèdes internes et en remèdes externes. Entre les remèdes internes sont compris tous ceux qui sont connus pour exercer une grande influence sur les exhalans, et provoquer des sueurs abondantes. Le règne végétal en fournit un grand nombre. Les plus renommés sont : le sassafras, le gayac, la salsepareille, le méséréon, plusieurs racines amères, l'écorce de l'orme pyramidal, la douce-amère, la fleur de pensée sauvage, etc. Ceux que fournit le règne minéral, et propres à remplir la même indication, peuvent se réduire à plusieurs préparations d'antimoine, de mercure et même d'arsenic ; le soufre, soit en substance et pur, soit dans un état de combinaison ou de solution dans une foule d'eaux minérales trop connues pour en donner le détail.

Parmi les remèdes externes, les bains doivent incontestablement tenir le premier rang. La pratique moderne en a introduit une nombreuse variété, tels que les bains de vapeur, soit sèche, soit aqueuse ou sulfureuse ; l'art a même cherché à leur donner une nouvelle vertu, par la manière de les administrer. En effet, une chute de ces eaux, d'une hauteur plus ou moins élevée, tantôt en arrosoir, tantôt en douches plus ou moins fortes, a produit des effets salutaires.

Les lotions préparées avec divers oxides métalliques, tels que les oxides de mercure, de zinc, de bismuth, jouent encore un grand rôle dans les remèdes externes. Ces mêmes substances métalliques sont incorporées dans des cérats, des pommades qui souvent, à la vérité, paroissent opérer des guérisons rapides, mais dont l'emploi donne plus souvent lieu aux accidens les plus graves, par la rétropulsion qui en est la suite.

L'immortel Ambroise Paré avoit déjà reconnu la nécessité de changer le mode d'action des vaisseaux sécréteurs de la partie affectée, et, dans cette intention, avoit eu recours à l'emploi répété de vésicatoires qui avoient enfin triomphé d'une affection qui avoit résisté à tous les moyens employés jusqu'alors. Les médecins ont su mettre à profit cette précieuse leçon; et, plus hardis et plus entreprenans, et toujours dans les mêmes vues, ils ont eu recours, soit aux lotions corrosives avec l'acide muriatique plus ou moins étendu, soit à l'application réitérée de la pierre infernale. On a même employé les escarotiques violens, tels que le topique de

Pluncket, celui de Rousseau, dont l'usage avoit été borné, dans l'origine, aux maladies cancéreuses.

Quant aux résultats de ces diverses méthodes de traitement, je vais rendre compte de ce que j'ai pu recueillir, avec toute l'impartialité qui sied à un homme ami'de la vérité et des sciences exactes. Avancer que ces moyens curatifs n'opèrent aucune guérison, seroit réclamer pour mon traitement un mérite exclusif, auquel je suis bien loin de prétendre. Cependant, d'après la déclaration des nombreux malades que je vois tous les jours, je suis autorisé à dire que, si des affections légères ont quelquefois cédé aux moyens que je viens d'énumérer, le nombre de celles qui leur ont résisté est infiniment plus considérable ; car, de tous les malades qui s'adressent à moi, et je puis dire avec vérité que j'en vois un grand nombre, il n'en est pas un qui n'ait auparavant pendant des mois et même des années, épuisé tous les moyens curatifs, soit dans la pratique particulière, soit à l'hospice Saint-Louis. Cependant, les talens et le zèle des médecins de cet intéressant établissement, les soins méthodiques avec lesquels tous les secours y sont administrés, sont bien faits pour leur assurer tout le succès dont ils sont susceptibles.

Dans le nombre des moyens que l'on y adopte, et dont l'usage a été introduit dans la pratique particulière, je ne puis m'empêcher d'en signaler un dont l'emploi excite, chez les femmes surtout, le ressentiment le plus vif. Je veux parler des lotions ou applications corrosives. La douleur qu'elles occasionnent, quoique cruelle, d'après le rapport que plusieurs personnes m'ont fait, n'eût produit qu'une impression passagère, si, dans la guérison, on eût trouvé le dédommagement auquel on s'attendoit; mais, quand à ces douleurs affreuses et à ces cicatrices, source d'interprétations cruelles pour l'amour-propre, se joint encore le regret d'une souffrance infructueuse, un procédé plus doux ne peut manquer de mériter la préférence, surtout quand on saura que, loin de causer aucune douleur, il calme au contraire les démangeaisons et les cuissons qui peuvent exister, et qu'au précieux avantage de ne laisser aucune cicatrice, il réunit encore celui d'un succès généralement certain.

De l'application du traitement par absorption cutanée.

Toutes les indications à remplir peuvent se réduire à une seule principale : débarrasser le système lymphatique général du virus herpétique, ou pour parler en d'autres termes, corriger le mode vicieux de sécrétion de la partie affectée. Je vais tâcher de démontrer que cette indication est parfaitement remplie, selon que l'on voudra admettre l'une ou l'autre de ces deux explications, par le traitement indiqué ci-dessus. Je suppose d'abord le malade à l'abri de toutes les causes excitantes décrites dans un autre endroit, et placé sous tous les rapports dans les circonstances les plus favorables à l'action du remède. Dans cet état de choses, si le sujet, par sa jeunesse ou sa constitution, annonçoit une pléthore sanguine, il sera à propos de procéder par une bonne saignée du bras. S'il présentoit quelques légers symptômes d'inflammation, du côté de l'estomac, cette saignée générale, dont l'emploi a été suivi de résultats bien plus rapides et bien plus sûrs qu'avant que j'eusse pris l'habitude de l'employer, doit être encore accompagnée de saignées locales, à l'aide de sangsues, dans un grand nombre de cas. L'usage de boissons acidulées et délayantes et un régime un peu sévère suffiront pour dissiper cette complication qui devroit nécessairement contrarier la marche du traitement.

Quand le malade a été ainsi préparé, on lui applique entre les deux épaules un emplâtre d'une dimension relative à son âge et à sa force, sur lequel ont été étendues les substances médicamenteuses qui constituent le remède, et dont la combinaison est propre à agir à la fois sur les vaisseaux lymphatiques, les glandes, les exhalans et les absorbans, à ranimer leurs sécrétions et à combattre la condition, quelle qu'elle soit, d'où peuvent naître ces maladies. Sitôt que les circonstances le permettent, outre cette application dont l'effet est destiné à être général, on en doit faire une autre chargée des mêmes substances sur la partie affectée, pour y remplir le but que l'on se propose dans l'usage des vésicatoires, des lotions corrosives, c'est-à-dire de changer le mode d'action des vaisseaux sécréteurs de la partie. Les applications qui recouvrent ces surfaces, en maintenant la peau dans une espèce de bain de vapeur, raniment les fonc-

tions absorbantes et exhalantes de la peau.
Sitôt que les applications commencent à agir,
ce qui est plus ou moins long, suivant la température de l'air, l'irritabilité du sujet, l'effet
se manifeste le plus souvent par une éruption
qui a une grande analogie avec la maladie
existante, suivant qu'elle appartient aux papules pustules, ou vésicules, etc., et dont le
renouvellement et la durée sont propor-
tionnés à la gravité et l'ancienneté de la maladie et les circonstances individuelles. Cet
effet, que je viens de décrire, a presque régulièrement lieu pour le dos. Il n'en est pas
ainsi pour les applications locales dans lesquelles il varie beaucoup. En effet, il y a
souvent un suintement considérable ; d'autres
fois, une simple exfoliation des parties malades qui se guérissent graduellement et sans
aucun des grands accidens auxquels on s'at-
tend. De l'absence de ces grands effets, il ne
faut pas conclure que le remède est sans efficacité. L'éruption ne se renferme pas toujours
dans les limites de l'application ; elle envahit
souvent tout le corps ; mais il ne faut pas
s'effrayer de ce symptôme, qui n'est que passager. Les applications doivent se renouveler
et être continuées tant que la partie présente

un suintement, ou que la peau ne présente pas une apparence saine. On les continueroit même quand la maladie est entièrement terminée, qu'il n'en résulteroit pas le plus petit inconvénient, le remède n'ayant plus aucune action sur une partie saine.

C'est cette circonstance toute particulière qui fait sortir cet agent extérieur de la classe générale des moyens excitans et irritans que l'on emploie avec profusion dans ces maladies et qui, appliqués sur une portion saine de la peau, produiront une action plus ou moins énergique : les caustiques, les escarotiques, les vésicans, agiront toujours de même ; ils ne se contenteront pas de ranimer des tissus, de les exciter et de les faire sortir de leur habitude morbide, si l'on peut s'exprimer ainsi ; mais ils agiront d'une manière toute directe, et attaqueront les tissus de manière à rendre très-réservé dans leur emploi.

Si on a quelquefois à se plaindre d'une prétendue inertie des applications, je dois prévenir que plus souvent une irritabilité plus ou moins grande de la peau donne lieu à des accidens alarmans en apparence, tels qu'une enflure considérable de la partie, une éruption de cloches remplies d'une sérosité abondante

et accompagnées d'une assez forte inflammation. Mais ces symptômes ne sont jamais de
longue durée, et n'entraînent aucune espèce
de danger; ils sont d'ailleurs fort rares,
tiennent à des circónstances qui peuvent être
facilement prévues et auxquelles on remédie
si promptement, que si j'en ai fait mention
c'est pour ne négliger aucune observation
quelle qu'elle soit, puisque la proportion est
de cinq ou six sur cents tout au plus. J'ai déjà
annoncé que ce moyen curatif, loin de laisser
après lui aucune cicatrice, possédoit l'inestimable avantage d'éclaircir et d'améliorer le
teint de la peau. On sent aisément l'importance de cette manière d'agir, surtout quand
la figure, comme il arrive trop souvent, se
trouve être le siége de la maladie. Combien
de personnes ai-je entendues exprimer les
plus vifs regrets de n'avoir pas eu d'abord
recours à ce mode de traitement, qui leur eût
épargné bien des souffrances, et une difformité ineffaçable !

Comme dans les observations ci-jointes on
aura l'occasion de remarquer les différentes
manières d'agir du remède, je me dispenserai
d'entrer ici dans de plus grands détails. J'ai
déjà fait observer que l'effet de ces applica-

tions étoit de déterminer les maladies cutanées à se montrer à l'extérieur plutôt qu'à
rentrer, comme on le dit; ce qui est impossible, par sa manière seule d'agir. Il ne sera
pas difficile de conclure de quelle utilité peut
être ce remède dans toute espèce de répercussion, quand même il ne seroit pas question
de maladies cutanées. Quelques observations
frappantes prouveront le succès dont son emploi a été suivi dans ces sortes de cas, et dans
l'emploi de ce moyen, pour ce que j'appelle
une application générale destinée à agir, soit
comme un dérivatif assez énergique, à raison
de la surface considérable qu'elle recouvre,
soit comme véhicule d'un agent spécifique
dont l'introduction dans l'économie, par les
voies de l'absorption, est bien préférable à
celle qui se feroit par les voies alimentaires.
Ne trouve-t-on pas la preuve d'un mode d'action précieux, joint à une innocuité parfaite?
Peut-on employer des vésicatoires d'une dimension indéfinie? La pommade stibiée n'a-
t-elle pas des inconvéniens souvent graves,
et la poix de Bourgogne même ne donne-
t-elle pas lieu à des irritations fébriles de la
peau, qui sont souvent très-incommodes pour
les malades?

Tout en déplorant les souffrances qu'occasionnent plusieurs des moyens curatifs les plus
suivis, je suis bien loin de revendiquer pour
le mien le privilége exclusif d'opérer une guérison sans aucune espèce d'inconvénient ou de
malaise. La médecine offre peu de ressources
qui soient entièrement exemptes de désagré-
ment : je préviens donc le malade que ce remède excite souvent des démangeaisons violentes , quelquefois même un mouvement fébrile, et cette agitation qui précède les grandes
éruptions. Cet état, tout pénible qu'il peut
être, est cependant encore, au rapport de
tous, préférable aux démangeaisons de la maladie même, puisque celles que le remède occasionne ne sont pas toujours très-fortes , et
dans tous les cas ne sont que passagères. Il est
encore un point sur lequel je crois très-impor-
tant de rassurer le malade, je veux dire sur
l'absence de tout danger, quelque alarmans
que puissent être les symptômes qui se manifestent, dans des cas à la vérité fort rares, mais
qui pourtant pourroient se présenter, et sur
lesquels je crois nécessaire de tranquilliser
d'avance une imagination prompte à s'effrayer. Les bains simples, qui font presque
la base des traitemens employés en général

contre les maladies de la peau, sont employés moins souvent dans celui-ci; ils ne peuvent d'ailleurs être pris pendant que les parties malades sont recouvertes d'applications : ce n'est qu'à leur levée, et on ne doit les employer que lorsqu'il y a beaucoup d'inflammation et de tension, ensuite comme moyens de propreté; mais comme ils sont très-émolliens, ils pourroient contrarier l'effet qu'on recherche par les applications locales. Avant de les faire il est utile d'en prendre plusieurs, ainsi que lorsqu'on les a cessés. On doit éviter de les prendre trop chauds, de 22° à 26° Réaumur; on évite par ce moyen les transitions brusques de température, et ils deviennent plus sédatifs, qualité qu'on recherche à cause des vives démangeaisons que les malades éprouvent, et qu'on ne peut obtenir par une température élevée, leur composition peut varier depuis l'eau simple, puis les décoctions de son, de plantes malvacées, solanées, la gélatine, suivant les effets émolliens sédatifs et adoucissans qu'on veut obtenir.

Le temps qu'exige un traitement pour opérer une guérison complète, est un point trop intéressant pour celui qui souffre, pour ne pas en parler. On sent bien d'avance qu'on ne peut absolument assigner un terme précis à une guérison qui dépend de la gravité, de l'ancienneté et des complications accidentelles de l'affection; mais, prenant un terme moyen, je crois pouvoir, d'après mon expérience journalière, avancer que trois ou quatre mois suffisent en général. Dès le premier mois le malade éprouve déjà une grande amélioration dans son état; mais il ne faut pas se laisser séduire par ce mieux rapide, pour se relâcher d'une constance nécessaire au succès complet; tout au reste contribue à l'inspirer au malade, quand il voit un avancement progressif vers la guérison, et un calme général succéder au tourment affreux propre à ces maladies.

Tant de personnes se sont accordées à exprimer un étonnement mêlé de regrets, de ce que je n'avois pas rendu public un mode de traitement dont je viens de faire tant d'éloges, et dont j'ai retiré tant d'avantages, que je me crois obligé de rendre compte des motifs qui ont dirigé et dirigent encore ma conduite. C'est d'ailleurs un devoir qu'impose à ma reconnoissance l'accueil favorable que le public a bien voulu accorder à deux éditions de cet ouvrage. Je vais tâcher de le remplir le mieux

qu'il me sera possible. Je commence par prévenir mes lecteurs que l'on a une idée bien
fausse de mon traitement, si l'on s'imagine que,
comme tant d'autres , il se borne à un remède
qui peut se débiter, et que l'on peut l'administrer soi-même avec les plus légères instructions. Loin de ressembler à une foule de pré-
tendus spécifiques que l'on offre tous les jours
à la crédulité du peuple, cette méthode de
traitement consiste en un ensemble de moyens
curatifs, dont la combinaison modifiée par les
circonstances, doit conduire à l'heureux résultat d'une guérison.

Il y a bien à la vérité un remède principal
qui fait la base des moyens employés exté-
rieurement; mais ce remède est sujet à subir
les modifications et les changemens rendus
nécessaires par les indications qui se repré-
sentent, souvent même de remède principal
dans une circonstance, il ne devient qu'acces-
soire dans une autre; souvent encore il est
nécessaire que son emploi soit précédé par
d'autres remèdes pour préparer ses effets.
D'autres fois enfin, pour obtenir une guérison
complète et prévenir les rechutes, il est indispensable d'avoir recours à d'autres moyens
et à des substances d'un effet tout opposé.

D'après ces circonstances comment rendre publique une composition sujette à des variations fréquentes, et dont le succès dépend de tant de moyens accessoires dont l'œil de l'expérience peut seul apprécier la convenance, et déterminer le choix? Ce n'est point à titre de remède secret que je conserve sur ma composition un mystère qui n'existe aucunement pour mes confrères; mais c'est que pour d'autres, la connoissance en seroit pour le moins inutile.

Outre ces raisons prises dans la nature du sujet, il en est encore dont un public éclairé sentira toute la force, et qui justifieront pleinement, je l'espère, le silence que je garde sur les particularités de ce même traitement. Je veux parler ici de l'empire des préjugés : je ne doute pas que parmi mes lecteurs il ne s'en trouve un grand nombre à qui une éducation soignée en a fait, depuis long-temps, secouer le joug avilissant; mais il peut aussi s'en trouver dont l'esprit soit encore imbu de préventions sanctionnées par le temps et l'habitude. Quel est le médecin qui n'a des occasions fréquentes de reconnoître la vérité de cette assertion, dans l'opiniâtreté avec laquelle les préjugés populaires font rejeter certains médicamens, et en font adopter d'autres, sans qu'il y ait plus de motifs raisonnables pour l'exclusion des uns que pour la préférence accordée aux autres? Que produiroit chez de tels juges une connoissance des médicamens que le médecin croit nécessaires, si ce n'est une indocilité qui gêneroit le praticien dans les moyens qu'il croiroit devoir employer, et pourroit même être funeste au malade?

C'est la crainte de cette même opposition qui m'a fait prendre le parti de ne pas donner à mon traitement une entière publicité. Je conçois bien qu'au premier abord elle sembleroit être dans les intérêts de l'humanité; mais on sera bientôt convaincu du contraire, quand on réfléchira aux raisons que je viens d'exposer, et quand, pénétrant dans l'avenir, on pensera aux abus auxquels une telle publicité pourroit donner lieu. En effet, ce remède mis à la discrétion du public, même avec les instructions les plus précises, quelle garantie a-t-on qu'une application intempestive, en le faisant échouer ou même tourner au détriment du malade, ne jettera pas sur lui une injuste défaveur?

En lui faisant attribuer des accidens qui n'auroient été que le résultat de l'ignorance ou de la témérité, tout le monde sentira sans doute, avec moi, toute l'importance de ne pas confier à l'inexpérience des moyens curatifs, dont l'énergie même, mal dirigée, pourroit devenir dangereuse à ceux qui y cherchoient une guérison assurée, et qu'ils n'auroient pas manqué d'y trouver en étant sous la direction de l'expérience.

Conduite à tenir par le malade pendant le traitement.

Si toute personne qui désire conserver sa santé dans un état parfait est souvent forcée de faire le sacrifice de beaucoup des mets délicats que le luxe entasse sur nos tables, cette surveillance, dans le régime, devient encore bien plus urgente pour celui qui est ou a été attaqué de maladies de la peau. L'influence qu'ont sur cet organe certaines substances, tels que les coquillages, l'usage habituel du poisson, les viandes lourdes et indigestes du porc, surtout quand il est salé, prouve la nécessité de s'en abstenir autant que possible. Quant aux autres articles qui doivent constituer la nourriture d'un malade, le choix en est indifférent; mais il n'en est pas de même sur la manière de les accommoder, qui doit être la plus simple possible. Par conséquent, il faut bannir tous les mets de haut goût, comme trop stimulans. Il est également à propos d'être très-modéré dans l'usage du vin, surtout du vin pur ; pour les liqueurs spiritueuses, on doit sentir la nécessité de s'en abstenir. Si une longue habitude ne rend pas le café presque indispensable, comme je l'ai éprouvé quelquefois, on fera bien d'y renoncer. Tous les légumes et tous les fruits cuits peuvent être permis à discrétion. Les personnes qui aiment et digèrent bien le lait, peuvent avec avantage en faire leur nourriture principale ; mais il ne convient pas aux tempéramens lymphatiques.

Le vêtement, chez les personnes sujettes aux maladies de la peau, est d'une importance toute particulière. Si l'on veut prévenir les suites des changemens subits de température, et s'isoler en quelque sorte de l'atmosphère environnante, la laine, appliquée immédiatement sur la peau, est le meilleur moyen pour atteindre ce but. Si la chaleur est importante en tout temps, dans des cas semblables, elle est tout-à-fait indispensable pendant un traitement. Elle doit pourtant être modérée ; et une chose essentielle est de ne point pousser à l'excès l'observation des règles ici prescrites, car il peut en résulter quelques inconvéniens que les malades causent eux-mêmes sans le vouloir.

Le traitement, comme je l'ai annoncé, ne gêne nullement le malade dans ses exercices ou ses occupations, pourvu cependant que l'un ou l'autre n'entraîne point avec lui une exposition longue au froid ou à l'humidité, et surtout à des transitions subites de l'un à l'autre. Si ces transitions sont en tout temps accompagnées de dangers, c'est surtout pendant l'opération des remèdes employés dans la circonstance. Je ne puis indiquer ici tous les médicamens accessoires que j'emploie, puisque la nature du cas peut seule en indiquer le choix; mais les principaux sont les délayans ou les sudorifiques, quand la saison ou une température froide gênent ou arrêtent entièrement la transpiration cutanée; quelques laxatifs, s'il survient constipation ou embarras abdominal; ce dernier moyen est d'un fréquent usage selon les maladies, et lorsque les circonstances le permettent, manié avec prudence, il est entre les mains du médecin un des plus sûrs dérivatifs; mais il ne veut pas être employé d'une manière brusque et inat-

tentive, et en général les laxatifs sont préfé-
rables aux purgatifs ; comme remèdes locaux,
des cérats ou lotions astringentes, pour rendre
au tissu de la peau un ressort qu'elle a perdu
par la longueur de la maladie, constituent à
peu près les moyens nécessaires que j'emploie.

OBSERVATIONS SUR LES MALADIES DE LA PEAU APPELÉES
DARTRES, TRAITÉES PAR LA MÉTHODE DU TRAITEMENT PAR
ABSORPTION CUTANÉE.

Première observation relative à la première espèce, dite
dartre furfuracée ou farineuse, occupant la tête, sous
forme de teigne dite farineuse.

Mlle P*** fut, dès l'âge de six mois, et chez
sa nourrice, attaquée d'une éruption (dont le
caractère ne put être déterminé par la description faite par les parens) qui se manifesta,
sur la tête et sur les yeux, avec un gonflement considérable. On ne peut en rapporter
la cause, ni aux parens qui jouissent l'un et
l'autre d'une santé parfaite, ni à la nourrice
à laquelle on n'a pas cru pouvoir avec justice
adresser aucun reproche. A cette époque, d'a-
près l'avis d'un médecin, on établit un vési-
catoire au bras de l'enfant : alors tous les
grand accidens disparurent peu à peu, sans
cependant que la santé de l'enfant fût parfai-

tement rétablie. Dans cet état elle parvint jusqu'à sa troisième année : alors la maladie herpétique se manifesta avec une nouvelle intensité ; elle envahit entièrement le cuir chevelu sous la forme d'une teigne farineuse ; elle étendit bientôt ses progrès sur le front, les sourcils, les paupières dont les cils furent bientôt emportés par la suppuration de ses bords. La figure, sans être aussi malade, offroit une apparence gercée. Le corps étoit en outre couvert en beaucoup d'endroits de petites plaques de la même nature. Les démangeaisons excessives avoient jeté l'enfant dans une espèce de marasme.

Les parens commencèrent par épuiser toutes les ressources de la pratique ordinaire : n'en ayant éprouvé aucun résultat satisfaisant, ils prirent le parti de la mettre en pension à l'hospice Saint-Louis, chez un des employés, pour que la jeune malade pût y recevoir des soins non interrompus. Le traitement adopté dans cet hospice fut suivi avec rigueur pendant six mois. Au bout de ce terme la maladie en étoit au même point : quel fut le désespoir des parens de voir des sacrifices considérables de leur part productifs de si peu d'avantages pour la guérison de leur enfant ! On

crut offrir à ces parens une espèce de consolation en me les adressant : on leur promit
même un résultat heureux des moyens qui
sembloient leur dernière ressource.

Au mois de juillet 1822, l'enfant fut soumise à mon traitement : les applications furent
faites sur la tête ; leur effet fut secondé des
tisanes sudorifiques propres à ranimer la circulation capillaire et exciter l'exhalation de
la peau, et des pastilles ayant à peu près le
même but et dont l'excipient (du chocolat)
rendoit l'administration très-facile. Chez l'enfant toutes les parties du corps furent graduellement débarrassées de l'éruption ; la peau
de la figure reprit également sa souplesse accoutumée, les cils repoussèrent aussi beaux
que si jamais ils n'étoient tombés. Un air de
santé et de fraîcheur se répandit sur l'ensemble de la jeune malade ; après trois mois de
traitement, l'éruption étoit complètement dis-
parue ; le cuir chevelu n'offroit plus la moindre trace de la maladie ; les oreilles avoient
également recouvré un état de santé parfaite ;
nulle marque ne permit même de soupçonner
l'existence de la maladie. L'usage pendant
quelque temps des cérats appropriés au cas
consolidèrent la guérison qui fut complète, et

qui n'a pas été suivie du plus petit inconvénient pendant ce traitement, ni après sa cessation.

Deuxième observation relative à la dartre farineuse.

Mlle S., demoiselle de comptoir chez M. Troc,
épicier, rue de Vaugirard, au coin de celle
de Notre-Dame-des-Champs, d'un tempérament sanguin, âgée de vingt-trois ans, réclama mes soins en 1821. Son séjour à Paris.
qui datoit de quatre ans, avoit été suivi d'une
interruption presque entière du flux mens-
truel, et bientôt après, de l'apparition d'une
éruption de l'espèce ci-dessus désignée. La tête
dans ce cas ne fut point intéressée ; mais la
maladie se manifesta avec violence sur les
oreilles, leur pourtour, le front, les sourcils,
enfin progressivement sur tout le reste de la
figure. Cette observation confirme encore la
remarque que j'ai souvent eu occasion de faire
sur la prédisposition qui existe pour cette espèce d'éruption chez les personnes dont les
cheveux sont blonds, et la peau d'une finesse
et d'une blancheur particulières. Depuis que
la malade avoit quitté la campagne, son séjour habituel, les règles, comme il arrive à

presque toutes les femmes qui quittent la province pour venir habiter Paris, ne s'étoient manifestées qu'imparfaitement, et accompagnées de coliques violentes et d'un dérangement général.

Le siége de la maladie rendant au moins un mois de réclusion indispensable, la malade fut obligée de solliciter un congé, et de se retirer chez une parente pour pouvoir y faire le traitement. Le temps étant extrêmement précieux pour elle, les applications furent faites sur la figure et les oreilles ; les moyens généraux furent employés, d'après les indications qui se présentèrent. Après un pansement d'un mois, la figure fut parfaitement nettoyée. Voulant détruire toute espèce de disposition à un retour de la maladie, je fis employer l'application dorsale ; mais un système d'une irritabilité toute particulière ne permit pas à la malade de la supporter longtemps. Pendant le traitement, l'époque des règles étant survenue, elles parurent avec plus d'abondance qu'elles n'avoient fait depuis plusieurs années. J'en tirai un bon augure pour le succès du traitement. En effet il fut des plus satisfaisans : avec quelques moyens accessoires la peau reprit toute sa souplesse et sa fraîcheur habituelle. La menstruation continua même d'être régulière et d'une abondance convenable : depuis cette époque nul accident ne m'a fait revoir la malade qui, étant ensuite retournée à la campagne, n'a cessé d'y jouir d'une santé parfaite, ainsi que j'en ai été informé par Mme Troc (1824), trois ans après la guérison. Aujourd'hui (1828), en relisant cette observation, j'ai voulu savoir si la malade étoit toujours bien, j'ai reçu l'assurance la plus agréable que la maladie n'avoit aucunement reparu. Ainsi voilà sept ans que cette personne est bien guérie.

Troisième observation relative à la dartre farineuse avec complication de scrophules.

M. Paul de Saint-Céré, département du Lot, âgé de trente-quatre ans, d'un tempérament lymphatique, fut dès l'âge de sept ans attaqué d'une maladie scrophuleuse. Dans son cas, comme dans bien d'autres, on ne manque pas d'attribuer la cause de ce vice au mauvais lait de la nourrice. Renonçant à la recherche inutile de la première cause du mal, je me contente de rendre un compte circonstancié du résultat qui fut tel que je vais le

décrire. Le gros orteil du pied droit fut le
point où les scrophules firent leur première
apparition ; le mal étendit ensuite, et en peu
de temps, ses ravages sur cette partie droite
du corps, c'est-à-dire la jambe, le genou, la
cuisse et le bras. Le cou et la tête restèrent
intacts.

Les scrophules, fidèles à leur marche, la-
bourèrent la surface de ces diverses parties, et
laissant après eux des cicatrices profondes, terminèrent leurs funestes effets par un large ulcère à la partie supérieure de la jambe du même
côté ; la suppuration qui s'établit entraîna
de temps en temps quelques lames osseuses.
Au-dessous de la cheville du même côté, la peau
devint, sur une longueur de quatre pouces,
sèche et tendue, et laissa apercevoir sous l'é-
piderme de petits boutons nombreux qui oc-
casionnoient une grande démangeaison. La
jambe, dans toute sa longueur, fut sujette à
des douleurs violentes et à un gonflement considérable.

Au mois de juin 1822, il se manifesta à la
jamba gauche une sorte d'*eruption érysipélateuse* qui s'étendit de la partie supérieure de la
jambe, jusqu'aux doigts du pied. Le malade
n'avoit jamais rien éprouvé de ce côté, si ce

n'est une douleur sciatique à l'articulation de la cuisse. Il en avoit ressenti la première atteinte à l'âge de dix-neuf ans, et pour avoir eu l'imprudence, ayant chaud, et n'étant vêtu que de nankin, de se coucher sur l'herbe humide d'un pré. Au bout de trois mois, avec le secours des sudorifiques, il fut débarrassé de cette attaque. Mais, quelque temps après, étant obligé d'aller habiter un port de mer, la fraîcheur d'une température maritime provoqua une nouvelle attaque qui fut de peu de durée. Mais à sa rentrée dans ses foyers, qui eut lieu peu de temps après, il éprouva une rechute si violente, qu'il ne lui fut plus possible de marcher sans le secours de deux supports. Les douleurs devinrent si fortes, qu'il en résulta un amaigrissement considérable de la partie affectée, et une contraction des tendons. Après quelques mois passés dans ces souffrances, il se fit une éruption, comme nous l'avons déjà dit, et dès ce moment les douleurs diminuèrent sensiblement. Le malade put s'appuyer un peu sur la partie gauche, ce qu'il ne pouvoit faire auparavant. Cette éruption, décrite par le malade lui-même, entre dans l'espèce qui nous occupe. En effet, sa nature sèche et farineuse n'éprouvoit pas le moindre changement

ni le moindre suintement, après même que,
cédant aux démangeaisons insupportables
qu'il y ressentoit, il s'étoit gratté jusqu'au
sang.

Au mois de septembre 1822, le sujet de
cette observation commença mon traitement
chez lui, ne pouvant, pour beaucoup de raisons, se rendre à Paris. Il sera lui-même l'his-
torien du résultat.

« Je commençai, dit-il, par recouvrir la
» jambe droite, c'est-à-dire celle qui est le
» siége des ulcères scrophuleux, d'applica-
» tions qui s'étendoient sur toute la partie ma-
» lade. Il s'ensuivit une suppuration plus abon-
» dante de la plaie, et une apparence plus pâle
» dans la peau en général, ce qui annonçoit
» une diminution dans l'inflammation. Je m'oc-
» cupai ensuite du pansement de la jambe gau-
» che ou érysipélateuse ; l'effet salutaire fut
» d'une promptitude qui tient du prodige. Au
» bout de six jours les démangeaisons et l'in-
» flammation de l'éruption herpétique avoient
» entièrement cessé. Le gonflement de la jambe
» s'étoit dissipé et lui avoit laissé sa dimen-
» sion naturelle. La douleur sciatique elle-
» même avoit éprouvé une amélioration éton-
» nante, et la partie malade recouvré une

» nouvelle force. Dans cet état de choses mes
» deux béquilles ont été congédiées. Un seul
» bâton suffit maintenant pour assurer ma
» marche, tandis qu'auparavant ces deux sup-
» ports étoient à peine suffisans. La continua-
» tion des applications n'a été suivie que d'effets
» salutaires pour moi; car les forces digestives,
» épuisées par l'abus des tisanes, ont repris
» leur énergie accoutumée. »

Au 3o avril 1823, le malade écrivoit en ces termes :

« Depuis ma dernière lettre, qui vous annon-
» çoit ma guérison complète de l'éruption
» herpétique qui couvroit toute la jambe gau-
» che, ma santé n'a fait que s'améliorer de
» plus en plus. L'ulcère de l'autre jambe, sans
» être entièrement cicatrisé, ne m'occasionne
» ni douleur ni inquiétude. Mes jambes ont
» recouvré toute leur force ordinaire; et malgré
» les rigueurs d'un hiver long et pluvieux, je
» n'ai pas ressenti la moindre douleur dans les
» parties jadis affectées, qui ont repris leur
» vigueur et leur couleur naturelles. C'est un
» témoignage que je m'empresse de vous adres-
» ser, avec toute la reconnoissance qui vous
» est due. »

J'ai conservé avec beaucoup de soin la cor-

respondance de ce malade, et on sent le
plaisir que j'éprouve de voir les années confirmer une guérison qui paroissoit difficile à
obtenir.

Quatrième observation relative à la dartre farineuse, ayant
son siége sur les parties sexuelles.

Mme Benoît, propriétaire à Lésigny-en-
Brie, âgée de trente-deux ans, d'un tempérament bilieux lymphatique, fut, en 1815, à
la suite d'un sevrage, attaquée d'une éruption
de petits boutons qui, se répandant sur tout le
corps, finissoient par devenir farineux ; mais
en plusieurs endroits, et sur les cuisses surtout, ces boutons restant entre cuir et chair
n'étoient sensibles que par la démangeaison
insupportable qui les accompagnoit. Elle fut
saisie, à la même époque, de fréquentes palpitations et d'un étouffement considérable. A
la perte de l'appétit succéda bientôt un état de
langueur générale. L'éruption faisant toujours
des progrès, finit par se manifester sur les
parties sexuelles avec un tel sentiment de prurit, que le lit lui devint insupportable, surtout dès que la chaleur se faisoit sentir. Alors
elle étoit obligée de se lever, même dans la

saison de l'hiver, pour que le froid lui procu-
rât un calme que la chaleur du lit faisoit bientôt disparoître. Rien ne pouvoit égaler l'état
de souffrance où elle étoit, quand elle s'adressa
à moi. Il est inutile de faire mention des remèdes nombreux dont elle avoit essayé. Il
suffit de dire qu'elle n'en avoit pas même retiré un soulagement passager.

Le 10 mai 1819, après une préparation convenable, les parties affectées furent recouvertes d'une application adaptée à la nature de
l'endroit. Dès ce moment, cessation totale de
l'insupportable démangeaison qui faisoit son
plus grand supplice, par conséquent son sommeil devint aussi parfait que dans l'état de
santé. Dix jours après, outre cette première
application qui fut renouvelée et entretenue
jusqu'à guérison complète, j'en fis appliquer
deux autres larges à la partie interne des
cuisses. Trois semaines étoient à peine écou-
lées, que la santé de la malade éprouva une
amélioration étonnante. Après une suppuration considérable aux parties, et une exfoliation répétée de l'épiderme aux cuisses, et qui
dura environ six semaines, les parties affectées furent entièrement guéries. De toute cette
éruption, il ne resta plus que quelques bou-

tons sur le sternum, que quelques applications firent bientôt disparoître. Quelques remèdes altérans, pris intérieurement pendant
le traitement, quelques lotions appropriées
aux circonstances terminèrent la guérison.
Cette observation se passa sous les yeux de
M. le docteur Bougon, professeur de clinique
chirurgicale à l'Ecole de Médecine de Paris.
Quelques voyages qu'il fit dans ce pays pour
une de ses malades, lui donnèrent l'occasion de voir la marche, les progrès du traitement et son résultat qui fut des plus concluans.

Cependant, sept mois après, la malade s'é-
tant imprudemment exposée à un froid violent de décembre, et à la pluie presque pendant une journée entière, il se manifesta à
l'ancien siége de la maladie une nouvelle
éruption, mais peu considérable et sans démangeaison. Elle céda en peu de jours à une
application dont je lui recommandai l'emploi.
Deux ans après sa guérison, l'ayant rencontrée par hasard, elle m'informa qu'à l'ap-
proche du printemps, elle avoit éprouvé aux
cuisses quelques légères démangeaisons que
fit disparoître l'application de quelques sangsues qui lui avoient été ordonnées pour des

palpitations dont elle avoit commencé à se ressentir.

Cinquième observation relative à la dartre farineuse , précédée d'un exanthème (la rougeole).

Mme de***, âgée de trente-quatre ans, d'une constitution bilieuse lymphatique , jouit jusqu'à l'âge de sept ans d'une bonne santé non interrompue. A cette époque il lui survint aux deux jarrets une petite dartre écailleuse, accompagnée d'un suintement et d'une démangeaison considérables. Cette attaque n'eut cependant pas de suites fâcheuses, et disparut au bout d'un an sans le secours de remèdes. A l'âge de vingt-deux ans, Mme de*** eut un érysipèle considérable qui céda aux moyens ordinaires de traitement. A vingt-trois ans s'étant mariée, elle ne cessa de jouir d'une santé parfaite, sans cependant devenir mère. A vingt-sept ans, elle eut la rougeole : après avoir parcouru ses premières périodes sans offrir rien de remarquable, cette maladie éruptive dégénéra par degrés en véritable érysipèle dartreux chronique, qui s'étendit sur toutes les parties du corps, sans en excepter la figure . et y développa une ef-

florescence farineuse, quelquefois accompagnée de suintement, d'autres fois de l'exfoliation de l'épiderme, le tout accompagné de
cuissons et d'une tension considérables, et
des démangeaisons ordinaires dans ces sortes
de cas.

M. le docteur Sparron, qui avoit suivi la
malade dans la rougeole, voyant succéder à
cette affection une véritable maladie de la
peau de l'espèce chronique, fut le premier à
lui proposer de voir M. le docteur Alibert,
qui dès ce moment lui donna des soins qui
sembloient être essentiellement de son do-
maine. Bains de toute espèce, administrés à
Tivoli, douches, cataplasmes de farines ré-
solutives, appliqués sur la figure, lotions
stimulantes avec l'acide muriatique, application de la pierre infernale, cérats astrin-
gens, remèdes internes de tout genre : tout
fut essayé, non sans un détriment évident
pour la santé de la malade. Si le succès ne fut
pas complet, il résulta cependant quelque
amélioration dans la maladie. En effet, le
corps fut presque entièrement débarrassé de
l'éruption : mais, à son grand désespoir, la
figure resta dans le même état. Fatiguée et
découragée du résultat incomplet de tant de

souffrances, Mme de*** cessa toute espèce de remèdes pendant quelque temps. Cependant les nouveaux progrès que faisoit tous les jours la maladie, et la connoissance qu'elle acquit de plusieurs guérisons opérées dans des cas aussi désespérés que le sien, par le procédé dont il s'agit dans cet ouvrage, la décidèrent à tenter cette dernière ressource. Au commencement de l'hiver de 1817, quoique cette saison soit moins favorable que toute autre, elle commença le traitement par absorption cutanée. Pour éviter toutes longueurs, je me bornerai à dire qu'après trois mois de persévérance dans les applications tant locales que générales, aidées de tous les moyens accessoires que la nature du cas exigea, la figure et les autres parties du corps n'offrirent plus la moindre trace de la maladie. Elle remarqua seulement que son estomac resta un peu foible, sans qu'elle sache précisément à quel traitement elle en doit rapporter la cause. Après avoir joui d'une santé parfaite jusqu'alors, elle eut au printemps de 1820, c'est-à-dire trois ans après le traitement; elle eut, dis-je, une petite attaque de son ancienne maladie sur la figure; mais elle fut bien moins considérable qu'autrefois, et céda

en très-peu de jours à quelques applications
locales.

M. le docteur Macartant, demeurant rue
Hauteville, n° 24, son médecin ordinaire à
cette époque, avoit été témoin du résultat du
premier traitement; trop élevé par ses talens
comme médecin, et par son mérite personnel
comme homme, pour ressentir aucun mouvement de cette jalousie trop commune,
même dans les professions les plus libérales,
il fut le premier à recommander un nouvel
emploi des moyens qui avoient déjà produit
des effets aussi satisfaisans. La guérison de
la malade me procura un double plaisir en
justifiant la recommandation de mon digne
confrère.

D'après les circonstances ci-dessus men-
tionnées, on peut à juste titre regarder cette
affection comme constitutionnelle, et par
conséquent sujette à des rechutes dont heureusement la malade n'a rien à redouter,
puisqu'elle est sûre de trouver dans le remède une ressource infaillible; mais la permanence de la guérison, depuis l'époque de
ma première édition, en surpassant son espoir et le mien, l'a dispensée de recourir à
mes soins.

Sixième observation relative à la dartre farineuse, avec
complication de siphilis.

M. M...., officier de cavalerie, âgé de vingt-
sept ans, d'un tempérament sanguin, fut dans
son enfance attaqué d'une éruption herpétique, qui se fixa à la tête sous la forme de
teigne. Après avoir duré plusieurs années,
elle disparut soit naturellement, soit à la
suite de traitemens, il ne s'en rappelle plus.
A l'âge de quinze ans, il se manifesta de
temps à autre quelques dartres sur le front
et les sourcils, qui présentèrent le caractère
de dartres farineuses. A vingt ans, il contracta
une siphilis : malgré un traitement méthodique, la maladie vénérienne offrit beaucoup
de résistance, et la maladie de peau ne dimi-
nua rien de son intensité. Quatre ans se passèrent dans cet état de guérison imparfaite
de la maladie siphilitique qui se reproduisoit
sous toutes les formes, tandis que l'éruption
herpétique acquéroit tous les jours plus d'importance en étendant ses progrès sur la figure.
Une persévérance infatigable dans plusieurs
traitemens appropriés à la circonstance, finit
par débarrasser le malade d'une de ses enne-

mies. Tous les symptômes qui l'annoncent disparurent entièrement et sans retour; mais il n'en fut pas de même de l'affection cutanée : tous les membres avoient fini par être en proie à ses ravages qui menaçoient d'envahir tout le corps, et y faisoient éprouver tous les tourmens qui les accompagnent. Le malade implora de nouveau tous les secours de la médecine : plusieurs traitemens furent suivis avec exactitude, et sous la direction des médecins les plus distingués. La forte constitution du sujet ne souffrit en rien de l'énergie des moyens employés ; mais la maladie de peau n'offrit pas même la plus petite amélioration.

Au mois d'avril 1823, le malade réclama mes soins, et se soumit de nouveau, et avec résignation, aux moyens qui lui furent proposés. Comme la maladie avoit commencé par se manifester sur la tête, je me décidai à faire de préférence les premières applications sur cette partie. Je comptois, en agissant ainsi, sur un effort salutaire de la nature, et sur la tendance à reporter les maladies de préférence sur les parties où elles se sont d'abord manifestées. La figure fut ensuite recouverte, et successivement toutes les parties

malades. On revint même avec constance
sur les endroits où la maladie paroissoit
plus opiniâtre. Le traitement dura quatre
mois, et fut même suivi avec une rigueur dé-
placée : car, par une réclusion trop continue
et un zèle outré en tout, le malade s'étoit
réduit à un état de foiblesse et d'irritabilité
considérables. Cette conduite n'est aucunement nécessaire au succès du remède, et n'est
pas même sans inconvéniens. C'est ce qui
arriva dans le cas dont il s'agit ici, car M. M....
se regardant comme parfaitement guéri, et
l'étant en effet, s'empressa de rejoindre son
corps ; mais des fatigues excessives de tout
genre, succédant d'une maniere si subite à
une vie indolente et à un état d'affoiblissement, lui occasionnèrent une rechute, peu
considérable à la vérité; mais le souvenir de
ses longues souffrances étant encore tout récent, il se décida à en prévenir les effets par
un petit traitement supplémentaire dont le
succès fut prompt et complet. En un mois la
figure fut parfaitement nettoyée; mais il con-
serva encore pendant un autre mois des applications sur d'autres parties, pour détruire
jusque dans sa source un mal aggravé par le
temps et les complications.

OBSERVATIONS RELATIVES A LA DEUXIÈME ESPÈCE, DITE DARTRE SQUAMMEUSE OU ÉCAILLEUSE.

Première observation relative à la dartre écailleuse, ayant son siége principal sur la tête, sous la forme d'une teigne écailleuse sèche.

Mme Lesueur, cuisinière chez M. le prince de la Tour - d'Auvergne, demeurant alors place du Carrousel, n° 10, âgée de trente-quatre ans, d'un tempérament bilieux lymphatique, étoit au moment où elle s'adressa à moi, c'est-à-dire en avril 1820, affectée à un très-haut degré d'une éruption de l'espèce ci-dessus mentionnée. Cette maladie avoit commencé à se manifester environ quatre ans auparavant sur et derrière les oreilles, avec un suintement considérable. Peu de temps après, la maladie faisant des progrès, le cuir chevelu dans sa totalité fut couvert d'écailles sèches ; et bientôt enfin, diverses parties du corps furent intéressées dans cette affection, et offrirent de larges plaques d'un jaune sale et cuivré. La malade étoit en outre, depuis cette époque, sujette à des maux de tête d'une violence telle que, pendant les accès, elle

étoit obligée de garder le lit. Ces accès deve-
nant tous les jours plus longs et plus rappro-
chés, finirent par la rendre incapable de remplir son service.

Madame la princesse, dont je suis le médecin depuis nombre d'années, et qui avoit
vu plusieurs exemples des succès obtenus par
mon traitement, ne cessoit de le recommander à la malade. Celle-ci, découragée par
beaucoup d'essais infructueux, et craignant
que ce dernier ne réussît pas mieux que les
autres, opposa long-temps une résistance
opiniâtre aux instances qu'on lui fit. Cependant, la menace de perdre sa place
finit par opérer une conviction qui avoit
résisté à tout argument, et, à l'époque ci-
dessus citée, elle commença à recevoir mes
soins.

D'après l'indication que m'en offroient les
taches disséminées sur le corps, je fis une application sur le dos, les oreilles furent pansées, et j'enjoignis à la malade de renouveler
les applications des oreilles aussi souvent que
le suintement considérable auquel il falloit
s'attendre le rendroit nécessaire. Au bout de
quinze jours, l'application dorsale fut renouvelée. La tête, complètement rasée, fut re-

couverte d'une calotte préparée. Au bout du premier mois, les maux de tête avoient disparu, et, jamais depuis, la malade ne s'en est ressentie. La tête et les oreilles étoient presque dans leur état naturel : cette teinte sale et cuivrée s'éclaircit à vue d'œil sur la figure et la poitrine. L'estomac, jadis foible et languissant, recouvra ses fonctions. Au bout du second mois de ce traitement, la santé fut parfaitement rétablie, sans que la malade ait éprouvé le plus petit accident, ni la plus légère rechute. Dans le moment où j'écris, c'est la huitième année qui s'écoule depuis que cette guérison a été opérée par ma méthode ; sa permanence et son résultat ont été on ne peut plus concluans, ainsi que j'en ai été informé par les maîtres du sujet de cette observation, qui ont eu l'occasion de la revoir et d'acquérir, à son égard, une certitude à laquelle ils attachoient de l'importance d'après leur recommandation. Cette observation a été suivie avec beaucoup d'attention par M. le docteur Ricord (Philippe), ancien interne des hôpitaux, qui a observé beaucoup d'autres cas avec moi ou dans sa pratique particulière, dans lesquels ma méthode a eu un succès souvent surprenant.

Deuxième observation relative à la dartre écailleuse humide
et héréditaire.

Mme Brisbart, demeurant rue Coquenard, n° 27, âgée de trente et un ans, d'un tempérament sanguin lymphatique, fut, dès l'enfance, attaquée d'une maladie herpétique, de l'espèce écailleuse; elle lui fut communiquée par sa mère qui la nourrit à une époque où elle en étoit elle-même attaquée. Tout l'espace de temps qui s'écoula depuis l'enfance jusqu'à l'âge de puberté, se passa sans que la maladie fît beaucoup de progrès; on se flattoit même que cette époque arrivée, on en verroit ou diminuer ou disparoître entièrement les symptômes. C'est, au reste, ce qui arrive souvent; mais il n'en fut pas ainsi pour le sujet de cette observation : l'affection herpétique acquit au contraire un nouveau degré d'intensité, sans que la santé générale en souffrît la moindre atteinte.

Malgré ces circonstances défavorables, la malade se maria à l'âge de vingt ans, et devint mère à plusieurs reprises, sans que ses grossesses ou ses couches eussent présenté rien d'important, si ce n'est l'apparition d'une petite tumeur, d'une forme ovoïde, sur la partie latérale droite du sacrum ; elle en attribuoit l'origine à un effort. A sa cinquième couche, qui eut lieu il y a six ans, cette tumeur, jusqu'alors indolente, acquit bientôt un développement considérable, et finit par former un abcès d'une dimension extraordinaire. Pendant le cours de cette nouvelle maladie, M. Lacase donna ses soins à madame Brisbart, fit l'ouverture de l'abcès, et les pansemens convenables, pendant plusieurs mois que dura la suppuration d'une plaie fort étendue. Elle se rétablit enfin : on avoit lieu d'espérer qu'un dépôt qu'on regardoit comme critique auroit produit quelque amélioration dans l'affection herpétique. Loin de justifier cet espoir, elle ne fit qu'augmenter.

Au mois de juin 1820, époque à laquelle la malade se présenta chez moi, tel étoit son état : les mains, les avant-bras et les bras, les jambes, les cuisses, étoient entièrement recouverts de larges plaques écailleuses, accompagnées d'une suppuration abondante et de démangeaisons qui, depuis long-temps, la privoient de tout sommeil. L'observation présentoit dans sa gravité et sa qualité héréditaire un si grand intérêt, que je saisis avec empres-

sement l'occasion de rendre témoins du traitement deux médecins des plus marquans dans
la capitale. Profitant de la complaisance de
la malade, je l'adressai à MM. les docteurs
Bourdois-Lamotte et Lerminier, qui m'a-
voient souvent témoigné un grand désir de
voir une observation dans son commencement, ses progrès et sa guérison. Sitôt que
cet objet fut rempli, et que l'examen le plus
exact eut mis. ces Messieurs au fait de la position de madame Brisbart, je procédai aux
moyens de guérison. Les deux avant-bras
furent recouverts jusqu'au-dessous de la saignée d'applications en forme de gants longs.
Il se développa de suite une enflure considérable qui dura quelques jours, et qui fut suivie
d'une suppuration abondante. Ces applications
furent renouvelées tous les dix jours pendant
un mois; au bout de ce terme, l'état d'amélioration des bras permit de s'occuper des
jambes et des cuisses, pour lesquelles on suivit
la même marche. Les symptômes et le résultat
furent entièrement conformes à ceux que nous
venons de décrire ci-dessus.

Au bout de trois mois de traitement, la
santé de la malade avoit éprouvé une amélioration extraordinaire; son teint s'étoit éclairci,

son appétit surtout étoit devenu extrême, la menstruation fut plus abondante qu'à l'ordinaire, et ses époques plus rapprochées. Au bout de neuf mois de guérison, et après avoir soutenu l'épreuve du printemps sans le moindre accident, sur mon invitation, elle s'est de nouveau présentée chez les médecins dont j'ai déjà parlé, pour leur montrer l'état présent des parties jadis si malades, et qui sont maintenant parfaitement saines, et sans laisser apercevoir la moindre marque; chose vraiment surprenante, après une si grande suppuration. Un an après sa guérison, la malade m'amena une de ses petites filles, alors âgée de cinq ans, affectée de la même maladie que sa mère, mais qui s'étoit fixée sur le cuir chevelu, sous forme de teigne muqueuse. Cet incident me fit un grand plaisir, en donnant encore une nouvelle importance à l'observation, sous le rapport de l'hérédité de l'affection. Cette enfant fut soumise au traitement; et, en deux mois de temps, la malade fut complètement guérie.

D'après le caractère d'hérédité qui ne peut être équivoque dans ces deux cas, je m'attendois à quelques rechutes; j'en avois même prévenu la malade, qui se trouvoit encore

très-heureuse d'être débarrassée d'un tel supplice, et étoit résignée aux accidens qui pourroient avoir lieu. Mais nos craintes ne se sont
point réalisées, et jusqu'à aujourd'hui la guérison a été dans les deux cas entière et permanente ; car je ne perds jamais de vue les
malades auxquels j'ai donné des soins, pour
être instruit, à toutes les époques, des résultats de leur traitement, et il n'existe aucune
observation dont la validité ne soit scrupu-
leusement constatée.

Troisième observation relative à la dartre écailleuse, ayant
son siége sur les parties sexuelles, avec complication d'un
lumbago.

M. Godajer, demeurant rue du Roi de Si-
cile, âgé de trente-quatre ans, d'un tempérament bilieux, étoit affecté depuis quinze
ans d'une éruption herpétique, de l'espèce
écailleuse. L'épiderme en avoit contracté une
roideur et un épaississement considérables,
la desquammation étoit abondante ; les démangeaisons ordinaires accompagnoient cette
maladie qui s'étoit surtout portée sur les
bourses, le périnée où le prurit étoit si insupportable, que le malade ne pouvoit s'empêcher

de se mettre la partie en sang. Il est un des malades qui, après avoir épuisé tous les secours que procure l'hospice Saint-Louis, en étoit sorti sans aucun soulagement.

Le 4 mai 1818, il réclama mes soins ; le scrotum et le périnée furent de suite recouverts d'une application, ainsi que la partie interne des cuisses. Quinze jours après, une autre application fut faite sur le dos, sans pour cela discontinuer celles qui avoient été faites d'abord. Le premier avantage que le malade éprouva fut une cessation totale de ses cruelles démangeaisons, et cela même dès la première application. Après six semaines de pansemens convenables, non seulement il fut guéri de la maladie herpétique, mais en outre l'action révulsive qui eut lieu sur la peau contribua à le délivrer du lumbago dont j'ai parlé ; et dont il avoit éprouvé des attaques si violentes qu'il avoit été obligé de réclamer son admission dans les hospices. L'impossibilité où ses douleurs l'avoient mis d'exercer son état d'ébéniste, en épuisant tous ses moyens d'existence, l'avoit réduit à cette dernière ressource.

Quatrième observation relative aux dartres écailleuses sèches,
occupant toutes les parties du corps sans exception.

Mme B., de Saint-Germain-en-Laye, d'un
tempérament bilieux, après avoir joui d'une
bonne santé jusqu'à l'âge de quarante-quatre
ans, fut à cette époque attaquée de pertes
considérables qui reparurent à plusieurs réci-
dives, et furent suivies de la cessation entière
de l'évacuation menstruelle. Peu de temps
après cet accident, elle s'aperçut que sa tête
étoit couverte d'une éruption écailleuse sèche,
qui, du cuir chevelu, gagna graduellement les
oreilles qui acquirent une dimension extraordinaire, par le gonflement qui eut lieu. La
figure en peu de temps fut elle-même envahie.
L'éruption ne s'en tint pas là; mais, au contraire, faisant tous les jours de funestes progrès, elle recouvrit au bout d'un an toutes
les parties du corps. Les démangeaisons affreuses qu'elle éprouvoit, jointes à l'aspect
hideux que présentoient une figure et des
oreilles tuméfiées par le virus herpétique,
l'avoient plongée dans un état si effroyable,
que son désespoir et ses souffrances lui fai-

soient un fardeau d'une si malheureuse existence.

Dès la première invasion de la maladie,
elle avoit réclamé des secours de tous ceux
qu'une grande réputation lui avoit désignés ;
mais tous leurs efforts avoient échoué près
d'une maladie d'une gravité toute particulière.
En mai 1812 elle réclama mes soins, et désira
se soumettre à mon traitement. J'avoue que
je fus effrayé de l'importance d'une pareille
affection : j'hésitai long-temps à l'entreprendre; cependant les sollicitations de la malade,
son désespoir, sa souffrance, sa résignation à
supporter toutes les fatigues d'un traitement
long et pénible, quand il faut opérer sur tant
de surfaces, me décidèrent à céder enfin à ses
instances. Je la prévins toutefois qu'il ne falloit pas se flatter d'une guérison radicale. Son
état déplorable l'ayant fait passer par-dessus
toutes ces considérations, je procédai par une
application sur le dos. Je passai ensuite successivement aux bras, aux cuisses, aux jambes,
à la tête qui fut d'abord rasée; enfin à toutes
les parties du corps, puisqu'il n'y en avoit
pas une qui ne fût intéressée dans la maladie.

On peut aisément s'imaginer ce qu'elle eut
à souffrir quand de ces diverses parties tumé-

fiées par l'éruption qui vouloit sortir, il s'é-
tablit un suintement énorme. L'amélioration
progressive de son état, et la diminution rapide des démangeaisons soutinrent heureusement son courage. Six mois entiers furent
employés à ce traitement : au bout de ce terme
les parties jadis malades offrirent une apparence de santé parfaite. Je ne flattai pas cependant la malade d'un succès assez complet
pour pouvoir s'en fier à la permanence de cet
état. Je la prévins au contraire qu'à chaque
printemps elle éprouveroit quelques légères
atteintes de son ancienne maladie. La seule
consolation que je pus lui offrir fut de lui garantir qu'au moyen de quelques légères applications faites à temps sur les parties où le mal
voudroit reparoître, elle s'en rendroit toujours
tellement maîtresse, que jamais elle n'auroit
rien de sérieux à redouter de son terrible en-
nemi. Je lui promis même que, loin de jamais
retomber dans son ancien état, à proportion
qu'elle s'éloigneroit de l'époque critique où
l'éruption s'étoit d'abord manifestée, elle
verroit diminuer de gravité les accidens par-
tiels qui pourroient avoir lieu. Jusqu'à présent, c'est-à-dire seize ans après son traitement, l'événement a pleinement justifié ma

promesse : elle jouit d'ailleurs d'une santé meilleure que jamais ; et, malgré les petits accidens qu'elle éprouve de temps en temps, elle n'en est pas moins prompte, dans toutes les occasions, à exprimer la plus vive reconnoissance pour un résultat aussi satisfaisant pour elle.

Cinquième observation relative à la dartre écailleuse humide, située sur la jambe droite et la cuisse gauche.

M. Cardinet, demeurant Vieille rue du Temple, n° 3, près la rue Saint-Antoine, âgé de cinquante-six ans, d'un tempérament bilieux sanguin, fut, à l'âge de vingt ans, c'est-à-dire il y a quarante ans, attaqué d'une maladie dartreuse de l'espèce écailleuse humide ; elle occupoit toute la jambe droite, depuis les doigts du pied jusqu'au-dessus du genou, et la partie externe de la cuisse gauche depuis le genou jusqu'au trochantin. L'épaisseur de ces écailles, leur décoloration, le suintement perpétuel d'une sanie sanguinolente rendoient ces parties semblables à un tronc d'arbre, qui, long-temps macéré dans l'eau, seroit ensuite exposé à l'air et au soleil, et qui, en se fendillant, offriroit une écorce écailleuse et à demi pourrie. Les démangeaisons et les cuissons auxquelles le malade étoit en proie, l'avoient depuis maintes années privé des douceurs du sommeil, et l'avoient réduit à passer la plus grande partie des nuits à se promener dans sa chambre.

Cette affection, toute grave qu'elle étoit, ne parut pas influer sur son état général de santé. Il eut même plusieurs enfans, qui ne se sont jamais ressentis de cette maladie. Son épouse n'a jamais éprouvé aucun accident qui pût faire soupçonner la moindre contagion. Il est presque inutile de dire qu'il profita avec empressement de toutes les ressources qu'offre la capitale, en réunissant dans son sein une foule étonnante de talens en tout genre. Ses moyens le mettant à portée de faire tous les sacrifices possibles pour sa santé, tous les moyens de guérison furent tentés, les essais les plus multipliés furent faits, rien ne fut épargné; mais la maladie triompha de tous les efforts. Le malade n'éprouva pas même un soulagement passager dans sa cruelle position. A l'époque où je publiai mon ouvrage, il en fit l'acquisition. Saisissant avec ardeur la moindre lueur d'espérance qu'il sembloit lui offrir, il s'adressa à moi pour suivre mon traitement. Je fus même surpris de la promptitude avec laquelle il m'accorda une confiance si souvent trompée dans son attente.

Instruit qu'il avoit depuis bien des années pour médecin ordinaire M. le docteur Fourcadel, demeurant rue Meslay, n° 35, je priai le malade de l'instruire du nouveau traitement qu'il étoit sur le point de commencer, afin de lui faire part du résultat par la suite. Il se conforma à mes désirs, ainsi que je l'appris du docteur lui-même, avec lequel je me trouvai quelque temps après.

Les applications furent faites d'abord sur la jambe malade, et sur toute l'étendue du mal. Ce fut vraiment une chose effrayante de voir un effet aussi prompt et aussi violent; car il s'établit de suite un écoulement prodigieux de matière sanguinolente qui demanda des pansemens fréquens, et qui s'opéra cependant sans aucune douleur. Le malade, au contraire, commença à jouir de son sommeil naturel. Il ne fut pas même obligé de garder le lit. Ces grands effets s'étant calmés au bout de six jours, il reprit ses exercices accoutumés. Les pansemens de la jambe devenus moins fréquens, après un mois de traitement, permirent de s'occuper de la cuisse, qui fut recouverte comme la jambe l'avoit été, sans cependant discontinuer les pansemens de cette partie. Après une suppuration encore plus abondante qu'à la jambe, la marche de la guérison fut la même. Au bout de deux mois les pansemens ne furent plus renouvelés que tous les quinze jours ou les trois semaines. Le malade fit alors plusieurs voyages assez éloignés, sans le plus petit inconvénient. Il maigrit un peu; mais il s'en consola facilement, car sa figure un peu enluminée reprit un teint naturel. Au bout de quatre mois la guérison fut complète, et les parties malades ne conservèrent aucunes marques qui pussent même faire soupçonner l'existence d'une affection semblable. La santé générale du malade fut aussi sensiblement améliorée. Il se fit un devoir de communiquer le résultat du traitement à M. le docteur Fourcadel, qui, n'écoutant que son intérêt pour lui, s'en félicita aussi sincèrement que s'il eût été lui-même l'auteur d'un succès aussi surprenant; la quatrième année depuis le traitement, s'est écoulée sans même le plus petit accident, et la guérison peut à juste titre être regardée comme radicale.

Sixième observation relative à la dartre écailleuse sèche,
occupant la figuré, les mains et les avant-bras.

M. Simon, âgé de vingt-sept ans, demeurant chez M. Vervins, marchand de couleurs,
rue Saint-Jacques-la-Boucherie, d'un tempérament bilieux lymphatique, fut, dès son enfance, sujet à une éruption écailleuse sèche.
Cet état, quoique désagréable, n'étant pas de
nature à le déranger dans ses occupations, il
ne fit rien ou peu de choses pour s'en débarrasser. Cependant, la maladie acquit tous les
ans plus d'importance. Enfin, en 1821, elle
étoit arrivée à un tel degré d'intensité, que
son aspect effrayant, et dégoûtant en même-
temps, le contraignit de renoncer à son état,
de se séquestrer de la société, de ne sortir que
le soir, et de ne fréquenter que des endroits
isolés. Il était absolument réduit au triste sort
d'un paria. Dans cet état, après avoir épuisé
les ressources des hospices, il vint réclamer
mes soins. La maladie occupoit toute la figure,
depuis la racine des cheveux jusqu'à la jonc-
tion du cou avec la poitrine. Les couches
amoncelées de ces écailles, entremêlées d'une
longue barbe qu'il étoit obligé de laisser pous-

ser, en faisoient un monstre dont l'aspect ins-
piroit le dégoût et l'horreur. Ses mains et ses
avant-bras étoient en outre affectés de la même
éruption au plus haut degré d'intensité, depuis la racine des ongles jusqu'au pli du bras.
On ne peut rendre ses souffrances et son désespoir de se trouver ainsi banni du sein de la
société, et réduit à l'humiliante nécessité de
tenir de l'humanité de sa famille, une existence que lui procuroit autrefois son travail.
L'ancienneté, ou plutôt la co-existence de la
maladie me fit entrevoir beaucoup de difficultés dans son traitement. Tout en lui promettant une guérison, je le prévins de la possibilité de quelques rechutes, mais qui ne seroient
pas très-graves, et au reste ne seroient que
passagères. Résigné à tout pour sortir de cet
état déplorable, il commença son traitement
au mois de septembre 1821, par des applications sur la figure et par un pansement méthodique des mains. Les progrès de la guérison furent rapides. Au bout d'un mois, la
figure étoit dans un état sain. L'impatience du
malade lui fit, malgré mon avis, faire l'épreuve
de la guérison que je lui déclarai n'être pas
achevée, malgré les apparences rassurantes de
la peau. Au bout de quelque temps, comme

je l'avois annoncé, quelques écailles légères
donnèrent l'éveil, et de suite des applications
furent faites, mais moins étendues que dans le
commencement: le résultat fut on ne peut plus
concluant. Après une semaine ou deux, la peau
offrit un aspect sain, sans la plus petite marque, et elle est restée toujours de même jusqu'à ce moment, c'est-à-dire, trois ans après
le traitement. La guérison des mains éprouva
plus de lenteur. Le malade fut long-temps
obligé de mettre de petites applications partielles sur les parties qui tendoient à se gercer.
Son état peut aussi contribuer pour beaucoup
à le rendre sujet à ces petits accidens qui sont
de si peu d'importance, qu'il n'en regarde pas
moins sa guérison comme complète, et vient
souvent m'en exprimer une reconnoissance
bien sincère. Pendant tout son traitement,
quoique les applications fussent assez multipliées, la santé du malade n'éprouva aucune
espèce de dérangement.

Observation relative à la dartre écailleuse sèche, située
d'abord sur les oreilles, et par suite de répercussion,
fixée sur la gorge, sous forme d'ulcère rongeant, avec un
engorgement de toutes les glandes du cou, et un gonflement extrême de la glande thyroïde.

Madame Maliez, verdurière du Roi, demeurant rue du Marché Saint-Honoré, d'un
tempérament bilieux sanguin, âgée de cin-
quante ans, jouit pendant son enfance et sa
jeunesse d'une santé parfaite. A vingt-quatre
ans elle se maria, à vingt-cinq devint mère.
Ses premières couches se passèrent heureusement ainsi que trois autres qui ne présentèrent rien de remarquable pour l'objet qui
nous intéresse. A quarante-trois ans, c'est-à-
dire sept ans après ses dernières couches, elle
ressentit les premières atteintes d'une éruption écailleuse sèche sur les deux oreilles, accompagnées des démangeaisons ordinaires.
Bientôt il survint un gonflement considérable
dans les glandes du cou et la glande thyroïde.
Ce gonflement fut suivi de quelque amélioration dans l'état des oreilles. Depuis la première invasion de la maladie jusqu'à l'âge de
quarante-huit ans plusieurs remèdes furent
essayés sans succès. A cette époque, un mé-

decin que la malade consulta voulut établir un point de dérivation par le moyen d'un morceau de saint-bois appliqué sur le bras, et employa des lotions d'eau de Barège sur les oreilles; ces moyens produisirent en apparence un effet des plus satisfaisans: l'éruption disparut en peu de temps; mais cet état d'amélioration ne fut pas de longue durée, et fut suivi d'accidens qui firent bientôt regretter l'ancienne affection, quelque incommode et quelque désagréable qu'elle fût. A cette époque les règles qui avoient eu lieu régulièrement disparurent sans présenter rien de remarquable pour l'observation, puisque cette interruption avoit été précédée par la maladie et de beaucoup d'années. La malade fut attaquée d'un mal de gorge très-grave qui résista aux moyens ordinairement employés dans des cas semblables; en peu de temps il se manifesta un véritable ulcère qui, exerçant rapidement ses ravages sur cet organe, en rongea les parois. La luette fut bientôt emportée dans la suppuration abondante qui s'y établit. La déglutition d'abord pénible devint tout-à-fait impossible. Les premiers talens furent consultés, une variété de moyens employés sans le plus petit changement dans l'état de la

maladie; l'engorgement de toutes les glandes
du cou, et surtout de la glande thyroïde, ne
permit plus à aucun aliment de passer : aussi
fut-on obligé de soutenir la malheureuse existence de la malade par le moyen de lavemens
de bouillon et de gruau; ces secours précaires
ne l'empêchèrent pas de tomber dans un état
d'amaigrissement auquel contribuoient aussi
une souffrance continuelle et une perte totale de sommeil. Le médecin qui avoit jusqu'alors donné des soins à madame Maliez,
désespéré de voir échouer tous ses efforts contre un mal aussi affreux, prévint son mari
des justes craintes qu'il avoit d'une catas-
trophe funeste que l'épuisement de la malade
rendoit même prochaine. Cet arrêt fatal, en
désespérant toute la famille, réveilla son attention sur un moyen que proposoit, depuis
long-temps et sans succès, une personne amie,
et qui avoit eu elle-même raison de se louer
de mes soins; déterminé à ne laisser rien qui
n'eût été tenté, le mari vint me chercher pour
voir la malade, c'étoit en janvier 1823.

En trouvant les choses dans un état aussi
désespéré, si je ne bannis pas tout espoir de
succès, je fus bien loin de le garantir. Je ne
fus pas même sans observer les désagrémens

auxquels un praticien s'exposoit en se char-
geant d'un cas désespéré dont souvent l'injus-
tice faisoit peser sur lui toute la responsabilité.
Le désespoir d'une famille éplorée me faisant
mettre de côté toute considération personnelle, je consentis à l'entreprendre. Une application ovale de huit pouces sur six fut placée à la nuque; les pastilles anti-herpétiques
furent administrées à fortes doses; les tisanes
avec les bois sudorifiques furent prescrites
sitôt que la déglutition, en se rétablissant, en
permettroit l'usage. Quelques heures après
que l'application fut faite, son action dériva-
tive se fit sentir, car la malade déclara avoir
éprouvé du soulagement, même après ce court
espace de temps. Il s'établit des sueurs abondantes; au bout de trois jours l'endroit de
l'application offroit une peau rouge et écailleuse avec de violentes démangeaisons; la déglutition, quoique pénible, devint possible,
car il s'étoit opéré une fonte rapide des glandes
du cou. La gorge offrit un mieux évident; les
sudorifiques furent administrés largement; la
nuque, en pleine éruption, fut pansée convenablement; les progrès de la guérison furent
d'une rapidité qui tenoit du prodige, puisqu'au
bout de trois semaines la cicatrisation de l'ul-

cère étoit opérée complètement au point de
permettre de manger une côtelette et de supporter le vin ; il ne resta au cou aucun vestige
d'engorgement. Le sommeil, inconnu depuis
si long-temps, s'étoit rétabli dès le second jour,
et avoit été ensuite aussi bon que les sueurs le
permettoient. L'éruption de la nuque, après
avoir été entretenue près de deux mois, par
précaution, se guérit graduellement ; dix-huit
mois se sont écoulés depuis l'époque de son
traitement, et la malade que j'ai souvent occasion de voir, n'a cessé de jouir d'une santé
parfaite ; son embonpoint s'est même considérablement augmenté.

OBSERVATIONS RELATIVES A LA TROISIÈME ESPÈCE, DITE
D'ARTRE CRUSTACÉE OU CROUTEUSE.

Première observation relative à la dartre croûteuse, située
sur les mains et les avant-bras, offrant le caractère de
l'espèce musciforme.

Madame Arnoult, commerçante, fixée maintenant à Triel, âgée de quarante-deux ans, d'un
tempérament bilieux, se présenta chez moi,
en 1818, pour réclamer mes soins ; elle étoit
depuis plusieurs années affectée d'une érup-

tion dartreuse de l'espèce ci-dessus désignée, située sur la partie externe des avant-bras, depuis le coude jusqu'à l'origine des phalanges des doigts qui n'en étoient pas eux-mêmes tout-à-fait exempts. Elle avoit en outre, dans l'intérieur du nez, une espèce d'ulcère dartreux que M. Alibert, qui lui avoit d'abord donné des soins, avoit représenté comme d'une nature très-pernicieuse, et sur lequel il avoit même appliqué la pierre infernale. La douleur affreuse qu'elle avoit éprouvée, le peu de progrès que faisoit la guérison de ses bras, la décidèrent à employer mon moyen curatif. Je lui fis de suite un pansement méthodique des parties affectées, en lui recommandant de le renouveler elle-même suivant que le cas l'exigeroit.

Quatre ou cinq jours s'étoient à peine écoulés quand je la vis entrer avec une figure toute déconcertée; elle me montra ses bras considérablement douloureux. Je la rassurai bientôt en lui annonçant qu'avant trois jours un suintement considérable la débarrasseroit entièrement et de la douleur et de l'enflure. En effet, à la prochaine visite qui eut lieu huit jours après, tous ces accidens effrayans étoient calmés, et la guérison faisoit des progrès rapides;

sur ma recommandation, elle se proposoit de
ne pas s'en tenir aux applications faites sur
les bras, mais d'en faire également dans le
dos, afin d'agir sur l'ulcère dartreux fixé dans
l'intérieur du nez. Après six semaines de traitement, non seulement la guérison des bras
et des mains fut complète, mais même celle
du nez, succès dont je n'aurais osé me flatter
moi-même. En cas que l'affection du nez re-
parût, elle étoit bien décidée à en venir aux
moyens que je lui avois proposés; mais la
guérison ayant été complète et permanente,
elle en est restée au premier traitement.

Deuxième observation relative à la dartre croûteuse musciforme, sur les mains et les doigts.

Mademoiselle L. C., cuisinière, âgée de
vingt-trois ans, d'un tempérament bilieux sanguin, jouit d'une parfaite santé à la campagne
où elle passa sa première jeunesse. Cependant,
elle se rappelle d'avoir remarqué, à l'âge de
seize à dix-sept ans, une petite éruption dartreuse à la partie interne de la cuisse droite,
mais sans suite fâcheuse; étant venue à Paris
pour se mettre en maison comme cuisinière,
le changement d'air, ou la nature de ses occu-

pations, détermina sur les avant-bras et sur
les mains une éruption exactement semblable
à celle qui a été le sujet de l'observation précédente. Elle réclama les secours administrés
à l'hospice de Saint-Louis, se soumit à tous
les moyens qu'on jugea à propos d'employer
pour sa guérison, tels que vésicatoires répétés,
lotions caustiques, bains, douches, etc.

En 1819 elle se présenta chez moi encore
pleine du ressentiment le plus vif de toutes
ces tentatives infructueuses, et pleine de doute
et de prévention contre tout ce qu'on pourroit
lui proposer. Je ne fis que rire de son dépit
contre la médecine et les médecins que justi-
fioit le souvenir encore récent de ses souffrances et de ses inutiles essais. Les assurances
les plus positives, qu'avec des moyens nullement douloureux je comptois obtenir un résultat plus satisfaisant, faisoient peu d'impression sur son esprit. Alors je lui donnai l'adresse
de la personne qui a été le sujet de l'observation précédente, et qui étoit guérie depuis
quelque temps. Elle se rendit chez elle; mais
en voyant ses mains, il fut difficile de la convaincre qu'elles avoient été plus malades que
les siennes. D'après les assurances que lui
donna cette dame qui eut la bonté d'entrer

dans les détails de tout ce qu'elle avoit éprouvé, elle revint à moi convertie à une confiance difficile à établir, en raison des essais infructueux qui l'avoient trompée. L'observation étant presque entièrement conforme à la précédente, le résultat en fut exactement le même, c'est-à-dire, les deux bras et les mains furent entièrement guéris, et sa santé générale éprouva une amélioration très-remarquable. Ce dernier résultat est presque uniforme dans tous les traitemens.

Troisième observation relative à la dartre croûteuse, disséminée sur toutes les parties du corps.

M. C., homme de lettres, âgé de vingt-neuf ans, d'un tempérament bilieux sanguin, fut à l'âge de dix-huit ans attaqué, pour la première fois, de l'éruption de l'espèce ci-dessus mentionnée : ses progrès furent d'abord si lents, qu'il n'en conçut pas une grande alarme. Mais cependant cette marche insidieuse ne permit pas long-temps au malade de s'endormir sur sa position. Il consulta les praticiens les plus renommés pour ces sortes d'affections ; des voyages fréquens dans diverses parties de l'Europe, et même en Asie, en lui fournissant l'occasion d'observer que le changement de climats n'avoit aucune influence sur sa maladie, lui procurèrent l'avantage de mettre à contribution les lumières des praticiens les plus distingués de ces diverses contrées. Il fut loin d'avoir raison de se louer des conseils qui lui furent donnés, puisqu'après plusieurs années il rapporta dans sa patrie son affreuse maladie qui n'avoit fait qu'augmenter d'intensité; car toutes les parties du corps, sans excepter la tête, devinrent le siége de cette affreuse végétation, si je puis m'exprimer ainsi. L'aspect hideux et la saleté qui accompagnent ces affections étoient le seul inconvénient dont il souffrît, car il n'éprouvoit pas la moindre démangeaison. J'ai remarqué que toujours cette espèce est exempte de ce symptôme qui accompagne presque généralement les autres.

Lié par des relations littéraires avec tout ce que la capitale a de plus distingué dans les sciences, il fut loin de négliger l'occasion qu'il avoit de recourir aux lumières des praticiens les plus renommés. Ces conseils furent suivis avec une scrupuleuse ponctualité. Cependant la maladie triompha du régime le plus sévère, et des remèdes les plus héroïques. Le seul ré-

sultat fut un affoiblissement considérable des
fonctions digestives, et un dépérissement de
la santé générale. La persévérance du malade
ne s'en tint pas là : déterminé à tout essayer,
il prit le parti de suivre dans toute sa rigueur
le traitement de l'hôpital Saint-Louis, et se
mit sous la direction spéciale de M. le docteur
Biet. Six mois furent consacrés à ce traitement, nuls soins ne furent négligés du côté
du médecin, du côté du malade nulles priva-
tions ne furent épargnées pour en assurer le
succès. Mais de tant de sacrifices, de tant de
persévérance, le malade désespéré ne retira
pas même le moindre allègement à ses maux.

La seconde édition de mon ouvrage parut ;
il en eut connoissance ; si ses espérances constamment trompées ne permirent pas à son cœur
de se rouvrir à une simple lueur d'espoir de
guérison, son attention fut vivement intéressée, et par l'importance des observations
aussi concluantes qu'authentiques, et par les
noms d'un grand nombre des praticiens les
plus marquans dans la capitale ; il en consulta
même plusieurs pour avoir leur opinion, et
sur la sûreté du traitement, et sur les chances
de succès. Leur témoignage ayant été des plus
encourageans, il se décida à faire ce qu'il

appeloit un nouvel essai. Dans des circonstances semblables la défiance devient bien ex-
cusable.

En septembre 1822, M. C. commença à
recevoir mes soins. Un changement total dans
le régime sévère qu'il avoit suivi jusqu'alors,
l'interruption d'une foule de tisanes qui
avoient exténué ses forces, et l'opération
prompte du remède, concoururent efficace-
ment à produire dans tout le système une amélioration frappante. Pendant les deux premiers
mois, les applications produisirent rapidement l'effet le plus salutaire, au point que le
malade, encouragé par des commencemens
si heureux, ne doutoit pas d'une guérison
prompte et certaine. Je n'étois pas si facile à
me laisser séduire par ces apparences, toutes
flatteuses qu'elles étoient. Mon expérience
m'avoit appris à ne pas trop m'y fier. Ces
craintes de ma part furent justifiées par l'événement ; car l'état d'amélioration des premiers mois commença par être stationnaire.
Le remède parut ne plus produire d'effet, et
la maladie braver l'influence des applications.
Nous avions trop peu de confiance aux autres
moyens pour en tenter aucun. Il ne me fut
pas difficile de convaincre mon malade que

six mois d'applications constantes, en accou-
tumant le système dermoïde à ce genre de sti-
mulus, pouvoient en avoir atténué et même
anéanti l'effet. Je lui conseillai donc une interruption complète du traitement pendant
plusieurs mois. Il se rendit à mon avis, et fit
un voyage assez éloigné. Cinq mois s'étoient
écoulés dans cette inaction, la maladie n'a-
voit point augmenté d'intensité à cette époque :
il fut tenté de faire un nouvel essai avec une
petite quantité de remède qui lui restoit. L'effet fut on ne peut plus prompt, et le résultat
si satisfaisant, qu'il conçut un espoir plus
grand que jamais d'une guérison complète.

Ayant encore quelques mois à passer à la
campagne, le malade, en m'instruisant de cet
heureux essai, me pria de lui faire expédier
tout ce qui étoit nécessaire pour recommen-
cer son traitement avec une nouvelle vigueur.
De retour à Paris, j'eus la satisfaction de voir
un succès complet : une année s'est presque
écoulée depuis la guérison, sans qu'il se soit
manifesté aucun symptôme de rechute. L'intérêt que M. le docteur Biet avoit toujours
témoigné à M. C. ne lui permit pas de douter
que ce praticien n'eût assez de noblesse et
d'élévation dans l'âme, pour voir avec plaisir

une guérison opérée par une méthode autre
que la sienne. Il se présenta donc chez lui,
en 1824, lui montra toutes les parties de son
corps jadis si malades, et, au milieu de son
étonnement, en reçut les félicitations les plus
cordiales; procédé que l'on doit attendre d'un
homme d'un mérite aussi supérieur.

Quatrième observation relative à la dartre croûteuse, située
sur la figure, et de l'espèce stalactiforme.

Mademoiselle G., âgée de trente-deux ans,
d'un tempérament bilieux sanguin, cuisinière
de son état, jouit d'une santé parfaite jusqu'à
l'âge de vingt-huit ans. A cette époque, elle
perdit une somme considérable, fruit de
longues économies; la surprise et le chagrin
qu'elle en éprouva produisirent un tel effet
sur son système général, que de ce moment
les règles qui avoient été très-régulières jusqu'alors, furent supprimées totalement pour
ne plus reparoître, malgré tous les efforts
que l'on fit pour les rétablir, et les précau-
tions que l'on prit pour prévenir les suites
de cette suppression. Il s'étoit à peine écoulé
quelques mois, qu'elle éprouva une multiplicité de malaises : la saignée, les sangsues,

les bains de pieds lui procuroient un soulagement; mais il étoit peu considérable et passager.

Enfin, la figure, le nez et les lèvres devinrent le siége de gros boutons bosselés, qui se couvrirent par degrés d'écailles groupées les unes sur les autres, et, se terminant en pointe émoussée, firent prendre à la maladie le caractère de l'espèce ci-dessus désignée. Cette éruption étoit accompagnée plutôt d'un sentiment de cuisson que des démangeaisons propres aux autres espèces. La malade se rendit à l'hôpital Saint-Louis, suivit avec la plus grande exactitude le traitement qui y est administré. Après un séjour de six mois, elle en sortit dans un état pire que quand elle y étoit entrée. En octobre 1820, elle réclama mes soins. L'absence des règles, et un état pléthorique très-prononcé dans le sujet m'en présentant l'indication, je procédai par une saignée, ensuite les pansemens furent faits, et leur effet secondé par les remèdes internes appropriés au cas.

J'avois alors chez moi un médecin anglais, professeur de l'Université de Cambridge; il étoit à Paris pour prendre connoissance des hôpitaux de la capitale, et de la pratique qu'on y adopte. L'hospice Saint-Louis étoit surtout l'objet de ses observations. Je lui montrois, quand je le pouvois, les cas intéressans qui se présentoient à moi ; il suivit avec la plus grande exactitude l'observation dont il est question ; il fut étonné de la marche rapide de la guérison qui, à la rougeur près, fut complète en deux mois et demi.

OBSERVATIONS RELATIVES A LA QUATRIÈME ESPÈCE, DITE DARTRE VÉSICULAIRE.

Première observation.

Madame la comtesse de ***, âgée de cinquante-cinq ans, d'un tempérament bilieux sanguin, et d'une constitution délicate et irritable, fut à l'époque de la puberté, et à celle où elle devint mère, attaquée d'une éruption dartreuse qui occupoit toute la poitrine. Cependant l'établissement des règles et les diverses sécrétions, suites des couches, la firent disparoître à peu près entièrement. Néanmoins, la présence du virus herpétique ne laissa pas de se manifester par une foule d'accidens, tels qu'érysipèles fréquens, flueurs blanches. A l'époque de sa cinquantième an-

née, la perte d'une sœur chérie ébranla tellement tout son moral, qu'il lui survint tout à
coup un tremblement nerveux général, et
une contraction spasmodique dans tout le côté
droit.

En février 1819, madame la comtesse de***
fut saisie d'une fièvre bilieuse; la foiblesse et
l'irritabilité du sujet, en bannissant l'usage de
tout moyen énergique, prolongèrent cette
maladie à peu près à six semaines.

M. Bougon, son médecin, avoit jusqu'alors
donné à sa malade des soins que dans la suite
nous ne cessâmes de lui donner de concert. La
maladie étoit sur son déclin, et la convalence
s'établissoit de jour en jour. Mais, malgré cette
amélioration, il existoit toujours un symptôme
alarmant; c'étoit la foiblesse extrême de l'estomac, que quelques cuillerées à café de
bouillon coupé surchargeoient au point d'occasionner des étouffemens et des syncopes.
C'est sur ces entrefaites que j'observai sur le
cou et sur la poitrine une légère efflorescence
farineuse. Je lui proposai de suite l'usage d'une
application proportionnée à ses forces, lui
promettant de déterminer à la surface le vice
herpétique, sur l'existence duquel je n'avois
plus de doute, et auquel on étoit fondé de rap-

porter les accidens actuels. Ma proposition
ayant été goûtée de la malade et approuvée de
M. Bougon, nous ne mîmes dans son exécution que le délai nécessaire aux forces pour la
refaire un peu.

Cependant ce délai ne fut pas long, à cause
de la persuasion où nous étions, que la rétropulsion du virus herpétique pouvait beaucoup
influer sur l'état de l'estomac. L'événement
justifia pleinement notre jugement; car, au
bout de quelques jours de l'application d'un
emplâtre, de la grandeur d'une pièce de six
francs, l'estomac recouvra ses fonctions. L'effet local de l'application fut l'épaisissement,
ensuite l'exfoliation de l'épiderme, avec un
peu de suintement, ensuite dessiccation. En-
couragée par ce premier succès, nous fîmes
une seconde application à la partie supérieure
gauche de la poitrine. Quelques jours après, il
se manifesta une foule d'élévations sur toutes
les parties du corps; des applications succes-
sives ne firent que développer et entretenir
cette éruption, qui prit le caractère d'une
dartre érithmoïde, et qui, fidèle à la marche
de cette maladie, changea plusieurs fois de
place, parut s'éteindre, pour reparoître tout
à coup avec plus d'intensité que jamais. Nous

eûmes plusieurs fois l'occasion d'observer que, suivant que cette éruption se portoit à la surface, ou rentroit dans le système, la santé de la malade étoit bonne ou mauvaise. Sept ou huit semaines se passèrent dans ces variations. Au bout de ce terme, l'éruption s'amortit graduellement, et finit par s'éteindre tout-à-fait. Depuis, la malade a joui d'une santé aussi bonne que le lui permettoient de l'espérer, une constitution naturellement frêle, et beaucoup d'affections morales du genre le plus pénible à supporter.

Deuxième observation relative à la dartre vésiculaire.

Madame R***, âgée de trente-quatre ans, d'un tempérament bilieux sanguin, jouit, pendant toute sa jeunesse, d'une santé parfaite. Ayant eu trois enfans, ses grossesses furent extrêmement orageuses par suite des vomissemens qui, du moment qu'elle étoit enceinte, ne la quittoient qu'à ses couches, qui furent cependant très-heureuses, et suivies d'un prompt rétablissement. Cependant, elles offrirent cette singularité que dans aucune d'elles, il ne se manifesta aucune fièvre de lait. Je serois plutôt porté à croire qu'elle fut si foible, qu'elle échappa à l'observation de la sage-femme; car l'absence de tout mouvement fébrile auroit dû conduire à des accidens, et la malade n'en éprouva aucun.

Néanmoins, à l'âge de vingt-huit ans, elle commença à éprouver de légères démangeaisons dans tout le corps; quelques boutons même se manifestèrent de temps en temps, tantôt sur une partie, tantôt sur une autre. Chaque année vit augmenter ces accidens. Sa peau, naturellement fine, se recouvrit par degrés d'une espèce de croûte sale, les cuisses furent parsemées de taches cuivrées; les démangeaisons alloient toujours en augmentant, surtout quand le grand air ou le soleil sembloient provoquer la sortie d'une éruption concentrée par le manque d'exercice, et une habitation humide et mal aérée. Sa santé générale n'avoit pas été sans dépérir d'une manière sensible. Après avoir essayé à peu près de tout, elle vint réclamer mes soins. Après lui avoir expliqué la nature du traitement, je lui communiquai l'adresse de plusieurs malades que j'avois traités, pour confirmer la confiance qu'elle étoit déjà disposée à m'accorder. Je procédai à son traitement, par une application assez modérée dans le dos, en la prévenant de la manière d'agir du remède. Rien ne fut capable d'ébranler sa résolution, tant étoit grande son impatience de guérir. L'effet fut d'une promptitude à me surprendre moi-même; car, dès le quatrième jour, cette éruption, long-temps concentrée, se porta à la peau avec une violence extraordinaire. Une grande agitation et un embrasement général qui précède et annonce les éruptions des exanthèmes, répandirent une agitation considérable dans tout le système. Il se manifesta bientôt sur tout le corps une infinité de plaques rouges, comme des morsures de punaises, et de larges vésicules, accompagnées de grandes démangeaisons. Le dos, siége de la première application, offrit une suppuration ichoreuse et d'une abondance étonnante. Les sueurs aussi devinrent d'une abondance extrême, au point d'inonder la malade, qui déclaroit n'avoir jamais pu transpirer de sa vie dans quelque circonstance que ce fût.

Cette marche subite et violente étonna un peu la malade, qui, dès le troisième jour, commençoit à se plaindre de l'inefficacité de mon remède. Son courage, cependant, n'en fut pas ébranlé. Au reste, je ranimois sa constance, en l'assurant que sa guérison en seroit d'autant plus prompte et plus certaine, que les effets étoient plus prompts, et que ces accidens, nullement dangereux en eux-mêmes, se dissiperoient bientôt. Au reste, la santé générale resta toujours très-bonne, le sommeil passable, quoique quelquefois interrompu par les démangeaisons; outre l'application du dos, les parties affectées furent pansées convenablement, et aussi souvent que le suintement le rendit nécessaire. Après quatre semaines de traitement, l'agitation nerveuse, et une irritabilité toute particulière me firent supprimer toutes les applications et recommander des soins qui rétablirent bientôt le calme, et favorisèrent la sortie de l'éruption déjà déterminée à la surface. Je recommandai aussi des bains de vapeur, pour achever la sortie du virus herpétique, que la brièveté du temps que les applications avoient été gardées, n'avoit pu entièrement subjuguer. Les deux premiers procurèrent un grand soulagement; mais un troisième réveillant cette malheureuse irritabilité constitutionnelle, il se fit une nouvelle éruption violente, et accompagnée de démangeaisons insupportables. La malade, alors, perdit toute patience, témoigna le désir d'employer d'autres moyens et de suivre d'autres conseils.

Mes derniers avis se bornèrent à lui recommander la persévérance dans l'usage des bains de son. J'ai appris par la suite qu'elle avoit suivi ce conseil, et s'en étoit très-bien trouvée. J'ai été plus fâché que surpris d'une impatience motivée par la marche extraordinaire de cette espèce d'éruption et le résultat de tous les moyens de guérison employés pour la combattre; j'ai eu une nouvelle preuve de cette marche bizarre dans les détails intéressans que m'a communiqués une dame qui, pendant trois années entières, a éprouvé cette maladie à un degré d'intensité toute particulière. Pour en donner une idée, il suffit de dire que, malgré les avis des plus grands praticiens, malgré les soins les plus multipliés et dirigés par M. Dubois, les ravages de la maladie furent tels, que tout le corps se dépouilla à plusieurs reprises de son épiderme qui tomboit par lambeaux, au milieu d'une abondante suppuration ichoreuse, et que les ongles des mains et des pieds furent emportés dans ce désordre général. Les émolliens furent les seuls moyens employés. La malade guérit à peu près, mais elle n'en est pas moins encore sujette à des maux de tête affreux et à des rechutes partielles de son ancienne et affreuse maladie. Cette observation ne paroît pas précisément appartenir à mon sujet, puisque la malade n'a pas suivi mon traitement; mais, d'après sa gravité et les traits de ressemblance qu'il offre avec le sujet de l'observation présente, ce cas m'a paru digne d'être cité.

Troisième observation relative à la dartre vésiculaire.

M. Le S**, âgé de soixante-dix-sept ans, d'un tempérament sanguin, jouit jusqu'à l'âge de soixante-dix ans d'une bonne santé non interrompue. A cette époque il fut, pour la première fois de sa vie, atteint d'une éruption de petites vésicules remplies d'une eau claire; quoique dissiminées sur tout le corps, elles se fixèrent surtout en bonne forme de zône sur le côté gauche, et sur les jambes, depuis le genou jusqu'à l'origine des orteils. Les démangeaisons, les agacemens de nerfs que cette maladie lui occasionnoit, sont au-delà de toute expression; sa santé générale finit même par être affectée d'une insomnie presque perpétuelle et de souffrances dont il n'étoit jamais un instant exempt. On s'imagine facilement qu'avec une maladie aussi grave, et à portée de la capitale, il ne fut pas sans consulter tous les hommes de l'art. Tous les moyens qui lui furent recommandés furent essayés ; et le résultat fut le même que pour tant d'autres victimes de cette affreuse maladie.

En décembre 1823, mon ouvrage lui étant tombé dans les mains, sa lecture, en ranimant son espoir, le détermina à s'adresser à moi. Un âge aussi avancé me rendit très-circonspect dans les promesses de guérison que je lui fis, et je n'allai pas au-delà d'un soulagement qui, par comparaison avec son état présent, seroit une espèce de guérison. Content de ces assurances, quoique au-dessous des désirs de tout malade qui naturellement souhaite une guérison parfaite, il se mit entre mes mains. Depuis un temps considérable, et surtout depuis l'invasion de la maladie, l'épiderme avoit contracté une sécheresse et une chaleur extraordinaires ; nécessairement, depuis longtemps, il n'y avoit plus aucune transpiration, quelque élevée que fût la température. Mon premier soin fut de rétablir cette sécrétion par le moyen des sudorifiques et des préparations d'antimoine. Les intestins, engorgés par une constipation habituelle, furent débarrassés, les applications furent faites sur les deux jambes à la fois. Je pouvois à peine résister à

l'impatience du malade qui, n'écoutant que
sa souffrance, en auroit couvert tout le corps.
Il s'établit de suite aux jambes un suintement
considérable qui, en calmant les démangeaisons, débarrassa par degrés les parties voisines. Après la première quinzaine, je permis
une application sur le centre de la zône, où le
malade éprouvoit une irritation insupportable.
Il s'établit également sur ce point une suppuration considérable qui, en peu de temps,
nettoya toutes les parties voisines. Au bout
de six semaines de traitement, le corps étoit
entièrement revenu à un état sain ; l'éruption
s'étoit bornée à la partie moyenne des deux
jambes, où un suintement considérable et des
démangeaisons passagères nécessitoient des
pansemens fréquens. A mesure qu'une partie
se nettoyoit de l'éruption, je la faisois frotter
avec un cérat siccatif et cicatrisant, pour donner un peu d'énergie à un tissu affoibli par de
longues suppurations. La santé générale du
malade se rétablit à mesure que le repos devint plus naturel, et qu'un calme général, succédant à l'agitation perpétuelle que lui causoit
sa cruelle maladie, un peu d'exercice devint
praticable. Cependant, après trois mois de
traitement, les jambes sont encore et seront

probablement plus long-temps le siége d'une éruption périodique, mais passagère, au grand bénéfice du système général. Dès le commencement du traitement, j'ai eu soin de prévenir le malade que, suivant toute probabilité, vu son âge, il seroit plus ou moins long-temps obligé de porter deux petites applications aux jambes; en établissant sur ces parties un point d'irritation, elles entretiendront une santé parfaite dans le reste du corps, et procureront, sans les mêmes inconvéniens, tous les avantages d'un émonctoire.

OBSERVATIONS RELATIVES A LA CINQUIÈME ESPÈCE, DITE DARTRE PUSTULEUSE, QUI COMPREND L'ACNÉ ET LE SYCOSIS DE WILLAN.

Première observation.

Madame B***, âgée de quarante ans, d'un tempérament bilieux sanguin, passa sa première jeunesse sans aucune espèce d'indisposition; elle devint ensuite mère de plusieurs enfans, sans que sa santé souffrît aucun dérangement; cependant, à l'âge de trente ans, quelques boutons commencèrent à se manifester à la figure. Elle eut de suite recours à

M. le docteur Alibert, que j'ai été obligé de citer dans presque toutes mes observations ; la célébrité méritée que lui a acquise son grand ouvrage lui donne un titre trop bien établi à la confiance publique, pour que, dans des cas semblables, on ne s'adresse pas de suite à lui. C'est ce que fit madame B***, mais tous les moyens employés n'eurent pas pour elle un résultat plus heureux que pour tant d'autres.

La malade se trouvoit liée par des relations de société avec une autre dame à laquelle j'avois donné des soins suivis d'un succès des plus satisfaisans. Quoique ayant sous les yeux un exemple d'une réussite complète, elle fut encore long-temps à se décider à employer mon procédé ; cependant, comme la maladie redoubloit tous les jours d'intensité, elle se détermina à réclamer mes soins. Les boutons, bien plus nombreux sur la figure, avoient gagné même la poitrine ; leurs progrès rapides ne nous permirent pas d'attendre un temps un peu plus favorable, car c'étoit au milieu des rigueurs de l'hiver de 1816 que commença le traitement : la première application fut faite sur le dos et renouvelée quinze jours après ; elle y détermina une éruption de boutons d'une grosseur considérable ; on en fit ensuite sur la poitrine et sur les bras avec un semblable résultat; enfin la figure fut recouverte pendant trois semaines. Pendant cet espace de temps, il se développa un nombre considérable de grosses pustules, qui, après avoir parcouru rapidement leurs périodes, finirent par s'éteindre graduellement et laissèrent la peau saine et fine, sans laisser la plus petite marque. Pendant ce traitement de six semaines seulement, la malade n'éprouva pas le moindre accident, aux démangeaisons près qui furent excessives, dans le dos surtout. La rigueur de la saison, l'état d'amélioration qu'éprouvoit madame B**, nous déterminèrent à en rester là ; car, vu l'ancienneté de la maladie, j'aurois désiré prolonger ce traitement au moins à trois mois : aussi, un an après, la malade eut-elle une petite rechute qui céda à quelques applications. Depuis cette époque jusqu'à celle où j'écris, c'est-à-dire douze ans après, madame B** n'a cessé de jouir d'une excellente santé.

Deuxième observation relative à la dartre pustuleuse;
suppression des lochies.

Madame Eliza B..., de Lésigny, en Brie,
d'un tempérament bilieux lymphatique, passa
sa jeunesse sans aucune maladie digne de no-
tice : elle devint mère à l'âge de dix-huit ans.
Il y avoit quatorze mois qu'elle nourrissoit
son enfant, quand une chute dans un fossé
plein de neige supprima tout à coup son lait :
aussitôt tout son corps, surtout sa figure et sa
poitrine, furent couverts d'une éruption de
gros boutons d'un rouge livide, accompagnés
d'une fièvre violente, d'élancemens douloureux, de crampes d'estomac et d'étourdisse-
mens. Cet état de souffrance, qui dura trois
semaines, ne l'empêcha pas de devenir enceinte pour la seconde fois. Alors cette éruption s'éteignit graduellement, et les accidens
qui l'accompagnoient disparurent en même
temps. La grossesse ni les couches n'offrirent
rien de remarquable, si ce n'est que peu de
jours après être accouchée, elle eut un abcès
connu sous le nom de poil. La sécrétion du
lait, qui d'abord avoit été diminuée par cet
accident, se rétablissoit peu à peu, quand,

quinze jours après ses couches, le feu prit à sa maison : c'étoit en octobre 1818. Une suppression totale des lochies, et un nouveau trouble dans la sécrétion du lait, furent le résultat de la frayeur et du froid qu'elle éprouva lorsqu'on la transporta hors de sa maison, dans une couverture de laine.

Ces accidens commençoient à céder à un allaitement continué avec assiduité, quand la mort de son enfant la priva de ce moyen de salut. Malheureusement elle ne prit aucune précaution contre les effets d'un allaitement aussi promptement interrompu. Aussi ne fut-elle pas long-temps sans éprouver une foule d'accidens, tels qu'une toux violente avec expectoration, qui redoubloit d'intensité avant et après les règles qui se rétablirent en effet, mais qui étoient accompagnées de douleurs affreuses. Le ventre resta dur, balloné, volumineux ; l'estomac fut sujet à des spasmes fréquens ; les digestions devinrent pénibles ; une pâleur et un amaigrissement général donnoient les plus vives inquiétudes sur sa position, quand on réclama mes soins pour elle. C'étoit vers la fin d'avril, c'est-à-dire six mois après l'invasion de la maladie. M. le professeur Bougon, avec lequel je donnois alors des soins à madame la comtesse de Rougeville en son château, a encore été témoin du traitement dont il est ici question, et de son résultat.

Une application fut faite entre le creux de l'estomac et le bas-ventre : on lui donna une dimension de six pouces de diamètre ; la malade peu endurante supporta avec beaucoup d'impatience les démangeaisons qui furent considérables, et que suivit bientôt une éruption considérable de boutons, tant sous l'application qu'alentour. Au bout de quinze jours il s'établit un écoulement considérable blanchâtre de la matrice, qui dura six jours. Elle eut encore quelque ressentiment de la toux et des douleurs d'estomac ; mais ces accidens se dissipèrent de suite. Les applications furent renouvelées aussi fréquemment qu'il fut nécessaire. Après une seconde quinzaine de traitement, il se développa une véritable fièvre de lait. Au grand étonnement de la malade, les seins se gonflèrent, le lait s'en écoula avec la même abondance et les mêmes sensations que si les couches venoient d'avoir lieu. Cet état extraordinaire causa les plus vives alarmes à la malade. On réussit cependant à la rassurer en lui faisant comprendre que ces

effets ne pouvoient lui être que favorables;
on lui enjoignit seulement les mêmes précau-
tions que l'on doit avoir dans les circonstances
et l'époque auxquelles elle paroissoit être re-
portée par le remède. En effet, après çette
espèce de fièvre, les lochies s'établirent. A
peu près quinze jours se passèrent dans ces
sortes de sécrétions. Il se manifesta aussi sur
tout le corps une éruption des mêmes boutons
qui autrefois étoient accompagnés d'une démangeaison considérable. La malade effrayée
attendoit avec inquiétude le résultat d'une
aussi étrange révolution. Mais quelles furent
sa surprise et sa satisfaction de voir son ventre réduit à la dimension ordinaire, sa toux
disparoître sans retour, son estomac recouvrer
ses fonctions, la santé avec son coloris éclaircir son teint jadis couleur de cire sale. Quelques applications auxquelles elle eut recours,
dissipèrent complètement l'éruption. Les règles survenues, et à leur époque, n'ont plus
été ni précédées, ni suivies des accidens qui
avoient coutume de rendre cette époque si
orageuse. Son appétit se rétablit complètement, ainsi que sa santé générale, après un
traitement d'environ deux mois.

Troisième observation relative à la dartre pustuleuse, à la
suite d'un érysipèle.

M. B**, âgé de trente-six ans, d'un tempérament bilieux-sanguin, fut, il y a quatre
ans, attaqué d'un érysipèle : son médecin,
cédant aux instances déplacées que lui fit le
malade de le débarrasser promptement de
cette indisposition, en troubla la marche par
un purgatif administré trop tôt. Ce qu'il y a
de certain, c'est que de ce moment M. B.
éprouva une foule de symptômes désagréa-
bles, tels qu'un manque d'appétit, un acca-
blement général, un sommeil orageux et
interrompu; enfin un malaise qu'il ne pouvoit
rapporter à aucune cause particulière. De
temps en temps il se manifestoit sur diverses
parties du corps des boutons d'une grosseur
considérable; mais cet effort impuissant lui
donnoit une douleur locale sans attaquer le
principe de la maladie, et par conséquent
sans procurer aucun soulagement. Après
avoir supporté près d'un an cet état qui ne
faisoit qu'empirer tous les jours, il réclama
mes soins; d'après les circonstances qui précèdent, je ne doutai pas que l'éruption im-

parfaite de l'érysipèle ne fût la cause de tout
ce qu'il éprouvoit, et qu'en le rappelant, le
rétablissement ne fût prompt et certain. Je
commençai par des applications dorsales, où
il se fit une éruption pustuleuse des plus considérables ; les parties qui annonçoient dans
la maladie une tendance à s'y porter, furent
pansées successivement. Le succès de traitement local fut secondé par les sudorifiques et
les dépuratifs. Du moment de l'éruption, tous
les accidens énumérés ci-dessus se dissipèrent
rapidement ; les forces se rétablirent en peu
de temps ; l'appétit devint très-bon, le sommeil naturel ; en un mot, la santé devint aussi
bonne que jamais, et n'a pas éprouvé depuis
la plus légère atteinte. Le malade n'éprouva
pas le plus petit dérangement dans les occupations attachées à son commerce.

*Quatrième observation relative à la dartre pustuleuse, avec
prédominance du système lymphatique.*

M. Chr., âgé de vingt-huit ans, d'un tempérament bilio-lymphatique, fut dès l'âge
de dix-huit ans sujet à une éruption de gros
boutons qui occupoient toutes les parties de
la figure ; les autres parties du corps, quoique

moins affectées de la maladie, en offroient
cependant un grand nombre; le cuir chevelu
n'en étoit pas même exempt. Le malade avoit
consulté tous les médecins les plus célèbres
de l'Allemagne, sa patrie. A son arrivée à
Paris, il s'étoit également empressé de profi-
ter de toutes les ressources qu'offre une capitale qui est le point central de toutes les
connoissances.

A la publication de la première édition de
mon ouvrage, il en fit l'acquisition et vint
réclamer mes soins, en me témoignant son
approbation sur ma manière de considérer
la maladie et de la traiter, en me déclarant
qu'il espéroit, de ce mode de traitement, un
résultat plus satisfaisant que de tous ceux qu'il
avoit suivis jusqu'alors. Ce témoignage me fut
d'autant plus flatteur, que celui qui me le
donnoit étoit aussi distingué par son érudition
que par le poste important qu'il occupoit dans
une ambassade du nord de l'Europe.

La figure étant le siége principal de la maladie, il fallut qu'il consentît à se séquestrer
pour un mois, il le fit avec la résignation qui
sied à un homme déterminé à obtenir une
guérison complète, et à ne négliger aucun
moyen de l'obtenir Je le plaçai, à cet effet,

dans la maison de santé de M. Blanche, à
Montmartre, où la bonté de l'air et les soins
zélés que l'on éprouve dans ce bel établissement, pouvoient dédommager le malade de
son pénible sacrifice. Après un mois d'un
traitement complet, il en sortit; j'aurois désiré l'y retenir encore quelques jours, car la
rougeur de la peau qui avoit succédé à celle
que les applications avoient enlevée, la rougeur plus grande encore du siége des anciens
boutons, rendirent pendant quelques jours sa
guérison moins apparente qu'elle étoit complète; mais l'air rendit en peu de temps à la
figure son ton de chair naturel: il put alors
apprécier le résultat du traitement, qui fut
des plus satisfaisans pour lui. Le hasard me
fournit un jour l'occasion de rendre témoin
de ce succès M. le docteur Prost, ancien propriétaire de la maison de santé; car tandis
que je causois avec lui dans une rue, le sujet
de cette observation nous donna, en passant
à quelque distance de nous, une occasion de
l'observer à notre aise. Son état présent étoit
tel que le docteur Prost pouvoit à peine croire
qu'il eût été aussi malade que je le lui avois
dit dans une autre occasion. Il put, au reste,
s'en convaincre, puisqu'il en avoit la facilité

dans les visites fréquentes qu'il faisoit à son ancien établissement.

Cinquième observation relative à la dartre pustuleuse, dite communément couperose.

M. Ménissier, huissier à la Cour royale, aujourd'hui résidant à Saussiers, près Lonjumeau, âgé de cinquante-trois ans, d'un tempérament bilieux-sanguin, fut, en l'année 1800, attaqué d'une éruption qui se fixa à la figure, et y prit le caractère de la plus mauvaise espèce de l'acné (couperose). Fidèles à la marche de cette éruption, les boutons occupant le front, le nez, les pommettes et le menton, parcouroient régulièrement leurs périodes d'inflammation, de suppuration et d'incrustation ; le tout accompagné d'une rougeur ardente et d'une démangeaison que nulle expression ne peut rendre. On pourra cependant s'en former une idée, quand on saura que l'aspect hideux que présentoit cette maladie, et la souffrance affreuse qu'éprouvoit le malade, lui avoient fait plusieurs fois concevoir l'affreux projet de terminer ses souffrances avec sa vie ; la nuit surtout étoit le temps, et le lit le lieu de son supplice. Comme, malgré toutes les résolutions possibles, il ne pouvoit s'empêcher de se mettre la figure en sang, on lui attachoit les mains ; mais cette précaution qu'il sollicitoit lui-même, devenoit bientôt inutile ; car les démangeaisons, en triomphant de toute sa fermeté et de sa patience, le jetoient dans un tel état d'irritation, qu'il se frottoit sur le premier meuble qui se présentoit, et cherchoit à suspendre la démangeaison, par la cuisson qui suivoit le déchirement de la peau. Cette souffrance, tout aiguë qu'elle étoit, devenoit un soulagement pour lui. Le récit de ses souffrances, fait par lui-même, est vraiment capable de glacer d'effroi.

Il consulta un grand nombre des médecins les plus distingués, sans retirer le moindre avantage de tous leurs conseils. En 1806, il réclama mes soins. Tous les moyens de guérison que les ouvrages anciens et modernes recommandent, tous ceux que la pratique, suivie à l'hôpital Saint-Louis, adopte, furent employés pendant quatre mois consécutifs. Le malade ne fut pas sans éprouver une amélioration considérable et même qui approchoit d'une guérison complète ; mais, chaque année qui suivit ce traitement, son effet parut s'éteindre graduellement, et la maladie reprendre son ancienne intensité. En 1813, elle étoit presque revenue au même degré où je l'avois trouvée. Quand le malade réclama de nouveau mes soins, je lui proposai mon nouveau mode de traitement, il l'accepta de suite, et ne mit dans son emploi que le délai rendu indispensable par quelques arrangemens nécessaires avant un mois de réclusion. La première application fut faite sur la figure; dès ce moment cessation complète de toute démangeaison; par conséquent, repos de cinq heures la première nuit, chose qui étoit bien nouvelle pour lui; car, depuis long-temps, il ne connoissoit plus les douceurs du sommeil. Les nuits suivantes le sommeil fut tout-à-fait naturel, et n'a cessé d'être tel depuis. Il s'établit de suite sur la figure une suppuration d'une abondance extraordinaire, et qui nécessita un renouvellement fréquent des applications. Quinze jours après le commencement du traitement, une autre application fut faite sur le dos; mais elle ne produisit aucun effet apparent. Au bout d'un mois, suivant la promesse qui lui en avoit été faite, le masque fut ôté, et la figure offrit une peau pâle et maigrie en quelque sorte par l'affaissement de toutes les parties tuméfiées, mais souple et parfaitement saine. Quelques lotions astringentes furent employées pour raffermir le tissu de la peau un peu relâché et par la maladie et par le séjour des applications, et terminèrent la guérison qui fut complète. Cependant l'application du dos fut entretenue pendant plusieurs mois pour prévenir une rechute que la gravité toute particulière du cas ne rendoit pas improbable ; cependant nos craintes se sont trouvées sans fondement, car, depuis neuf ans, la santé du malade n'a pas éprouvé la plus petite atteinte qui ait rapport avec la maladie en question.

J'ai vu le sujet de cette observation il y a peu de jours, et la figure est dans un tel état, qu'on pourroit difficilement croire qu'elle a été le siége d'une altération de tissu aussi profonde que celle que j'ai vue.

OBSERVATIONS RELATIVES A LA DARTRE TUBERCULEUSE.

Première observation relative à la dartre tuberculeuse, dite scrophuleuse rongeante.

Mademoiselle Hortense Ricart, de Boulogne, âgée de dix-neuf ans, d'un tempérament bilieux-lymphatique, jouit d'une santé parfaite jusqu'à l'âge de douze ans. A cette époque, elle fut attaquée d'une éruption dartreuse de l'espèce tuberculeuse, et désignée communément sous le nom de dartre scrophuleuse rongeante. La maladie se manifesta d'abord par un petit bouton sur la joue droite; tout fut tenté pour le faire disparoître, mais sans succès; les progrès du mal n'en devinrent que plus rapides : le nez et la joue gauche furent bientôt envahis par l'éruption qui tantôt présentoit une suppuration abondante et tantôt une desquammation qui se renouveloit sans cesse, le tout accompagné d'une démangeaison insupportable.

Elle eut recours, et se soumit avec une constance infatigable aux traitemens employés dans l'hospice Saint-Louis, pendant dix-huit mois : cent quatre-vingts bains de Barrège, les douches, les lotions usitées furent employés ; le tout sans succès. La malade suivit ensuite, sous la direction de M. le docteur Jadelot, un traitement anti-vénérien porté au plus haut degré de vigueur. Autant que je pus le deviner par les particularités qui m'en furent communiquées, loin que la maladie offrît le moindre degré d'amendement, l'aile droite du nez commença à être endommagée par l'application des divers caustiques auxquels on eut recours: tel étoit l'état dans lequel elle se trouvoit au 15 décembre 1818, époque à laquelle elle réclama mes soins.

Pour attaquer la maladie avec une vigueur égale à sa gravité, je lui ordonnai de suite l'application du dos, et son effet fut secondé par un pansement fréquemment renouvelé de la figure sur toutes les parties affectées ; il s'établit de suite, et sans douleur, une suppuration abondante qui fut suivie d'un dégorgement général, la suppuration, diminuant par degrés, laissa bientôt apercevoir une cicatrice qui, commençant par quelques points au milieu de ce désordre affreux, recouvrit graduellement toute la face. Deux mois furent consacrés à ce travail, et, pendant ce temps, la malade, loin d'éprouver ni malaise, ni accident, sentit sa santé générale s'améliorer d'une manière frappante. Le nez, jadis tuméfié au double de sa dimension, recouvra son état naturel ; la peau des joues, quoique rouge encore, prit une souplesse qui annonçoit une santé parfaite. L'usage de quelques moyens secondaires complétèrent sa guérison.

L'importance du cas me fit désirer de conserver des relations avec la malade ; en conséquence, je la priai de m'informer de tout ce qui pourroit lui arriver d'intéressant et qui

eût quelque rapport avec la maladie primitive. Au printemps qui suivit sa guérison, quelques petits boutons voulurent reparoître; elle
eut, de suite recours à quelques petites applications momentanées qui dissipèrent ces accidens en peu de jours, et rendirent le calme à
son esprit, que le souvenir de ses anciennes
souffrances rendoit très-prompt à s'alarmer ;
depuis ce temps il ne s'est rien présenté qui
méritât la peine de m'être communiqué ou
qui eût rapport à son ancienne maladie.

Deuxième observation relative à la dartre tuberculeuse, dite
scrophuleuse rongeante.

Cette septième et dernière observation,
nous offre encore un exemple du désordre
épouvantable que peut occasionner sur la
figure l'affreuse espèce de dartre qui nous
occupe. Je veux dire la dartre scrophuleuse
rongeante. Quoique la guérison ait été longue à
obtenir, et que le nez, qui avoit surtout souf-
fert, ait opposé une résistance opiniâtre, et
rendu le succès long-temps incertain, cette
observation n'en offre que plus d'intérêt. Aussi,
je vais entrer dans tous les détails les plus cir-
constanciels.

Mlle Gillet , blanchisseuse de schalls , demeurant rue Saint-Augustin , n° 20, d'un
tempérament bilieux-lymphatique, jouit, pendant sa jeunesse , d'une santé parfaite ; elle
n'avoit d'autre incommodité que d'être sujette
à des sueurs abondantes à la plante des pieds.
A l'âge de vingt ans , cette sécrétion s'arrêta,
par suite d'une exposition fréquente au froid
sur des dalles de pierres nécessaires à son état.
Sa santé générale ne parut pas souffrir beaucoup d'un semblable dérangement. Cependant,
depuis cette époque, elle fut sujette à un en-
chifrenement considérable, et à ce que l'on
appelle vulgairement rhume de cerveau. A
vingt-six ans, elle ressentit des douleurs va-
gues dans les articulations, accompagnées
d'enflures considérables, qui paroissoient tantôt dans un endroit, tantôt dans un autre.
Elle fut aussi attaquée de violentes tumeurs
hémorroïdales. Elle consulta un grand nombre de médecins. Les bains, les sudorifiques,
les frictions mercurielles , les potions, sirops
ou pilules où les préparations de mercure
entroient à fortes doses, constituèrent à peu
près son traitement. On essaya les bains de
moutarde pour rétablir la sueur des pieds,
qui, depuis sa cessation, étoient restés gon-

flés et extrêmement sensibles, mais le tout inutilement.

Il y a six ans, à la suite d'un bain trop chaud, la maladie herpétique commença à se manifester d'abord sur le sourcil gauche, par des tubercules de la forme d'une fraise, qui bientôt envahirent le nez et les pommettes de chaque côté. Mille nouveaux moyens furent mis en usage pour arrêter les progrès de cette affreuse végétation. Les caustiques furent employés à diverses reprises. Cette affection justifia pleinement sa dénomination de *noli me tangere*, que divers auteurs lui ont donnée ; car ces diverses tentatives ne firent qu'en aggraver les symptômes. Ayant l'occasion de rencontrer dans ses pratiques plusieurs dames que j'avois guéries de maladies moins graves, à la vérité, mais ayant leur siége sur la peau, elle fut long-temps sollicitée en vain de faire un essai de ma méthode. Il n'est pas étonnant qu'après tant de traitemens infructueux, sa confiance aux ressources de la médecine ne fût beaucoup ébranlée. Cependant, tant de témoignages encourageans se réunirent en faveur de ce nouvel essai, qu'elle s'y décida enfin.

En juin 1820, je commençai par une appli-

cation sur le dos, la figure fut pansée métho-
diquement par moi-même, pour lui enseigner
à renouveler elle-même ces pansemens , qui
devoient être trop fréquens pour qu'elle ne les
fît pas elle-même. Au bout de, quinze jours,
la sueur des pieds se rétablit. Ce fut déjà un
point essentiel de gagné. La marche de la guérison fut rapide pour le sourcil, les pommettes,
dont la peau reprit bientôt sa teinte naturelle,
sans effacer cependant les cicatrices des anciens
ulcères, ou les traces de l'application des caustiques. Le nez seul, en raison des ulcères profonds qui l'avoient labouré, en augmentant sa
dimension d'nne manière extraordinaire, offrit une longue résistance. Son gonflement fut
enfin dissipé par suite d'une suppuration abondante, et tout ce désordre se borna à quelques
boutons dont elle arrêta les progrès, par le
moyen de quelques petites applications locales.
Sa santé générale éprouva aussi une grande
amélioration. Des enflures rhumatismales se
manifestèrent cependant aux jambes, aux bras,
surtout aux articulations. Ces accidens peuvent
avec raison être attribués à une diathèse scrophuleuse fortement prononcée et à l'abus des
préparations mercurielles. D'après sa déclaration, ces enflures se sont surtout augmentées

depuis l'usage qu'elle fit d'un remède empiri-
rique. D'après les progrès qu'a faits sa guérison
sur les autres parties de la figure, il ne peut y
avoir de doute, et elle n'en a pas elle-même,
que sa persévérance ne soit récompensée par
un succès complet. Le nez, d'après les sécrétions muqueuses qu'y détermine le moindre
froid, sera peut-être quelque temps sujet à des
rechutes passagères, mais dont elle triomphera
avec le temps.

Le sujet de cette observation d'une gravité
toute particulière, et heureusement moins
commune que les autres, a été, depuis l'é-
poque de la publication de la première édition de mon ouvrage, l'objet d'une surveillance particulière ; un succès complet n'avoit
pas encore couronné mes efforts. Le nez, et
quelquefois les lèvres étoient encore sujets à
une reproduction partielle des mêmes tubercules qui recouvroient autrefois toute la figure.
Je ne m'étonnois pas trop de l'opiniâtreté de
la maladie, en considérant que la nature des
occupations du sujet ajoutoit encore aux
difficultés naturelles de cette espèce d'affection ; et je n'avois pas de doute que, dans une
position différente, la guérison n'eût été complète. Tel est le compte que je rendois en

1823; mais depuis cette époque jusqu'à celle où j'écris, les choses ont bien changé de face. Après avoir examiné moi-même la malade que je n'avois pas vue depuis long-temps, je ne revenois pas de ma surprise en voyant l'état de sa figure qui, n'étant plus depuis long-temps sujette aux accidens dont je viens de parler ci-dessus, offre maintenant un état parfaitement sain. Le nez lui-même revenu à son état naturel, n'a plus ni sensibilité, ni la moindre trace des anciennes végétations. Enfin la guérison est des mieux établies et des plus complètes, et c'est, eu égard surtout à la gravité du cas, un résultat bien précieux qu'une guérison obtenue dans une maladie à laquelle son incurabilité avoit fait donner le nom d'*opprobrium medicinæ*.

Troisième observation relative à la dartre tuberculeuse, dite scrophuleuse rongeante (Alib. — *Lupus*, Willan).

Cette observation est remarquable en ce qu'il existoit une complication assez grave, et qui avoit résisté à tous les moyens mis en pratique.

Elle consistoit en un ulcère large comme une petite fève, ayant son siége à la partie

antérieure de la voûte palatine, à quatre ou
cinq lignes des canines. Outre la dartre (ou
le pus) qui avoit déjà rongé une aile du nez,
et résisté à l'emploi du nitrate acide de mercure, de la pâte arsenicale, de la teinture
arsenicale, moyens que la malade avoit mis
en usage d'après l'avis des médecins de l'hôpital Saint-Louis, l'ulcère avoit présenté la
même opiniâtreté aux moyens curatifs, et faisoit souffrir la malade considérablement,
quand des liquides froids ou chauds, des substances alimentaires plus ou moins dures ou
sapides venoient à passer dans le palais.

Ce que je ferai observer c'est que, trois
semaines après l'application d'un emplâtre
de huit pouces de haut sur six de large derrière la nuque, et un pansement très-exact
des surfaces malades, sauf l'ulcère sur lequel
on ne put rien appliquer, comme on le
pense bien, il disparut pour ne plus revenir,
laissant une cicatrice présentant, par les rides
transversales, l'aspect du tissu muqueux,
dense et serré qui tapisse la voûte palatine;
les ulcères du nez et de la joue, réduits en
six semaines à un diamètre extrêmement petit, présentoient des bourgeons charnus d'une
belle apparence, et qui fournissoient une

suppuration louable, sans l'influence de l'excitation salutaire des applications locales.
Lorsque je m'aperçus que, comme dans la plupart des ulcères, la cicatrice étoit très-longue
à se former tout-à-fait, je sentis la nécessité d'exciter davantage le travail, et après
quelques applications de nitrate d'argent, je
ne tardai pas à obtenir un résultat complet.
C'est dans une semblable circonstance qu'on
retireroit les plus grands avantages de la
poudre n° 2, employée par M. Dupuytren,
s'il étoit toujours possible de traiter les malades auprès de soi, et de les décider à l'emploi des caustiques si peu redoutables quand
il s'agit d'animer des surfaces de peu d'étendue. La demoiselle qui fait le sujet de cette
observation commença le traitement en février 1828; deux mois après, la guérison étoit
opérée.

CONCLUSION.

Je ne puis terminer cet *Essai* sans faire quelques remarques sur une réflexion qui se sera
sans doute présentée souvent au lecteur, en

parcourant les diverses observations destinées
à faire connoître l'emploi de mon traitement.
Je devine aisément l'espèce de surprise qu'il
aura dû éprouver en voyant constamment l'u-
sage des mêmes applications. Quelles que soient
la nature et l'espèce des affections dartreuses,
je ne puis quitter ce sujet sans détruire l'espèce de prévention et de défaveur que pourroit occasionner une circonstance dont l'apparence spécieuse s'évanouira devant le plus
simple raisonnement ; et quand on verra que
cette uniformité dans l'emploi de ces applications n'est point particulière à cette méthode
de traitement, il est constant que les maladies
de la peau offrent dans leurs espèces une variété étonnante. Quelque grande que soit la
variété des nuances qu'elles présentent, elles
n'en ont pas moins un principe uniformément
le même : je veux dire un dérangement quelconque dans le mode de sécrétion du système
dermoïde ; et tout remède propre à corriger
cette première cause morbide dans ce système,
en détruira nécessairement les effets, quels
qu'ils soient, et sous quelques modifications
qu'ils se présentent.

L'application d'un même remède à une foule
d'affections diverses n'est point une chose par-

ticulière à ce traitement. Pour s'en convaincre, il ne faut que se rappeler les formes multipliées sous lesquelles se présente la maladie véné- rienne : ne prend-elle pas souvent les appa- rences d'une ophtalmie, une autre fois d'une phthisie, d'une affection rhumatismale, enfin d'une maladie herpétique ? cependant cette maladie protéiforme ne cède pas moins au re- mède héroïque qui seul la combat avec succès. Toutes les fièvres, de quelque espèce qu'elles soient; tous les cas d'atonie, quelle qu'en soit la cause, ne cèdent-ils pas à la vertu fébrifuge et revivifiante du quinquina, et même dans les traitemens suivis par les praticiens les plus distingués? Les bains ne forment-ils pas la base du traitement pour toute espèce de maladie de la peau? Les lotions corrosives ne sont-elles pas indistinctement employées à peu près dans tous les cas? On voit d'après cela que mon procédé n'a rien de singulier, et qu'au con- traire il s'accorde avec les autres, en atta- quant le principe et la cause du désordre, pour en détruire ensuite les effets.

Je crois devoir prévenir mes correspon- dans d'une circonstance importante à savoir pour eux, c'est que le traitement est suscep- tible d'être employé à quelque distance que ce soit. La convention faite de part et d'autre, je dirige le malade par mes conseils, d'après son rapport ou celui de son médecin. Le pharmacien, dépositaire de ma confiance, expédie, d'après mes ordres, la quantité des médicamens convenables aux circonstances.

————

Nota. Recevant un grand nombre de lettres souvent très-longues et détaillées, toutes celles qui ne contiendroient pas le moins 5 francs en un mandat sur la poste de Paris, resteront sans réponse.

FIN.

TABLE DES MATIÈRES.

FIN DE LA TABLE.